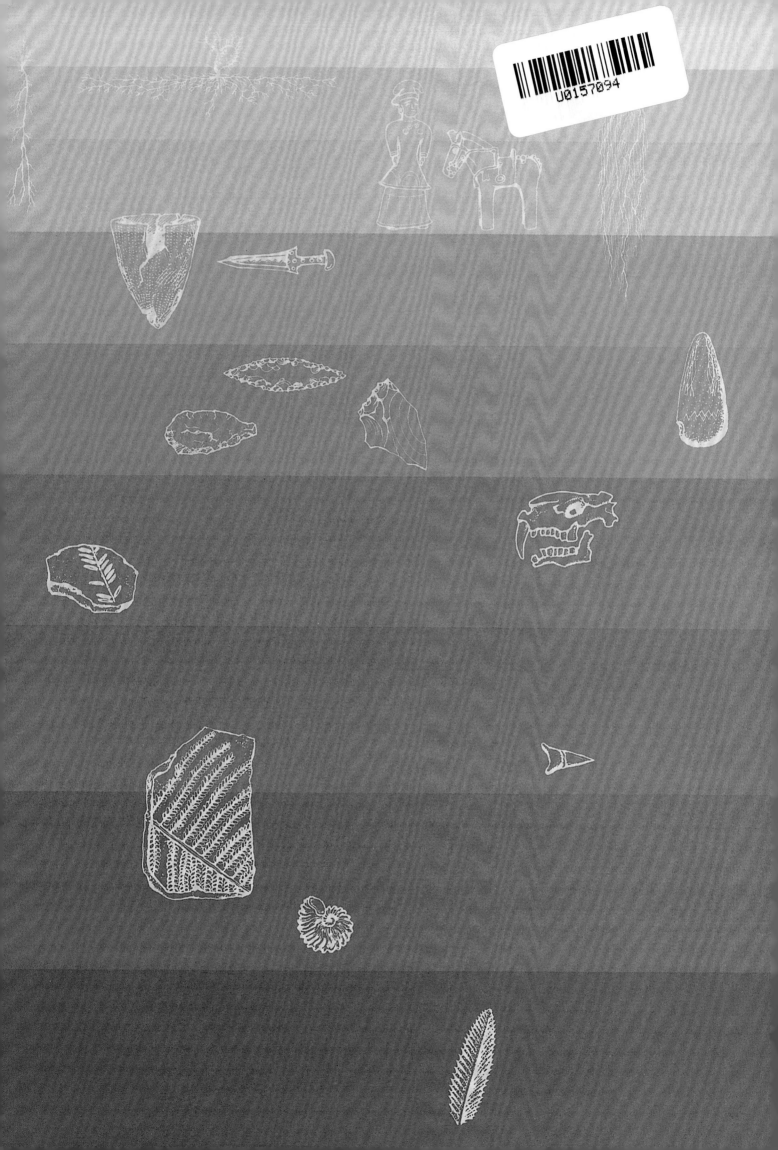

图书在版编目（CIP）数据

加古里子地球图鉴 /（日）加古里子著；丁虹译 . -- 济南：山东文艺出版社，2020.2

ISBN 978-7-5329-5989-1

Ⅰ . ①加… Ⅱ . ①加… ②丁… Ⅲ . ①地球 – 普及读物 Ⅳ . ① P183-49

中国版本图书馆 CIP 数据核字 (2019) 第 285496 号

著作权登记图字：15-2019-338

CHIKYU (The Earth)
Text & Illustrations © Kako Research Institute Ltd. 1975
Originally published by FUKUINKAN SHOTEN PUBLISHERS, INC., Tokyo, 1975
Simplified Chinese translation rights arranged with FUKUINKAN SHOTEN
PUBLISHERS, INC., TOKYO.
through DAIKOUSHA INC., KAWAGOE.
All rights reserved.

加古里子地球图鉴

（日）加古里子 著

丁 虹 译

责任编辑	吴海燕	**特邀编辑**	吴文静　黄　刚	
装帧设计	陈　玲	**内文制作**	陈　玲	

主管单位 山东出版传媒股份有限公司
出　版 山东文艺出版社
社　址 山东省济南市英雄山路189号
邮　编 250002
网　址 www.sdwypress.com
发　行 新经典发行有限公司　电话（010）68423599

读者服务 0531-82098776（总编室）
　　　　　 0531-82098775（市场营销部）
电子邮箱 sdwy@sdpress.com.cn

印　刷 北京尚唐印刷包装有限公司
开　本 635mm×965mm　1/8
印　张 8
字　数 30千
版　次 2020年2月第1版
印　次 2021年4月第3次印刷
书　号 ISBN 978-7-5329-5989-1
定　价 79.00元

加古里子
地球图鉴

〔日〕加古里子 著　丁虹 译　　柳正 审订

山东文艺出版社

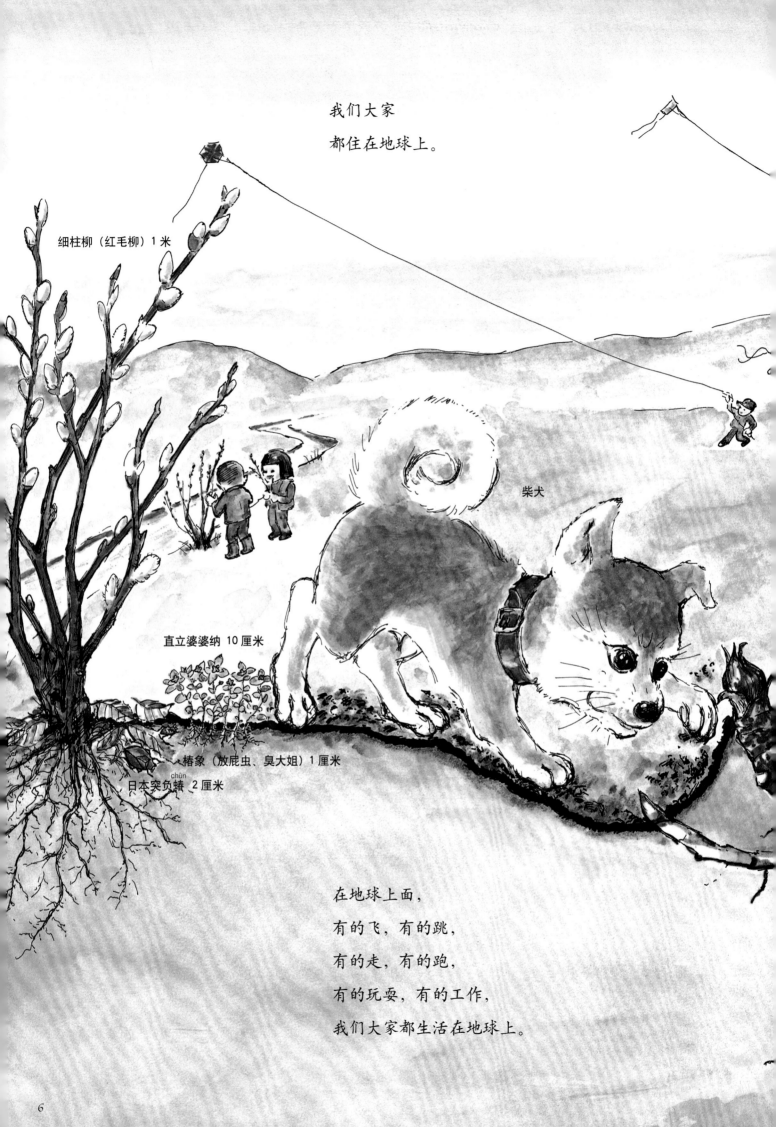

我们大家
都住在地球上。

细柱柳（红毛柳）1 米

柴犬

直立婆婆纳 10 厘米

椿象（放屁虫、臭大姐）1 厘米

日本突负蝽 2 厘米

在地球上面，
有的飞，有的跳，
有的走，有的跑，
有的玩耍，有的工作，
我们大家都生活在地球上。

斑鸫 dōng 24 厘米

放风筝

繁缕（鹅肠菜）20 厘米

款冬（蜂斗菜）5 厘米

阿拉伯婆婆纳 13 厘米

那么，地球的里面
会是什么样子呢？

好吧，现在我们就一起
到地球内部去
探个究竟吧！

黑褐蚁 10 毫米

5

10

15
（厘米）

7

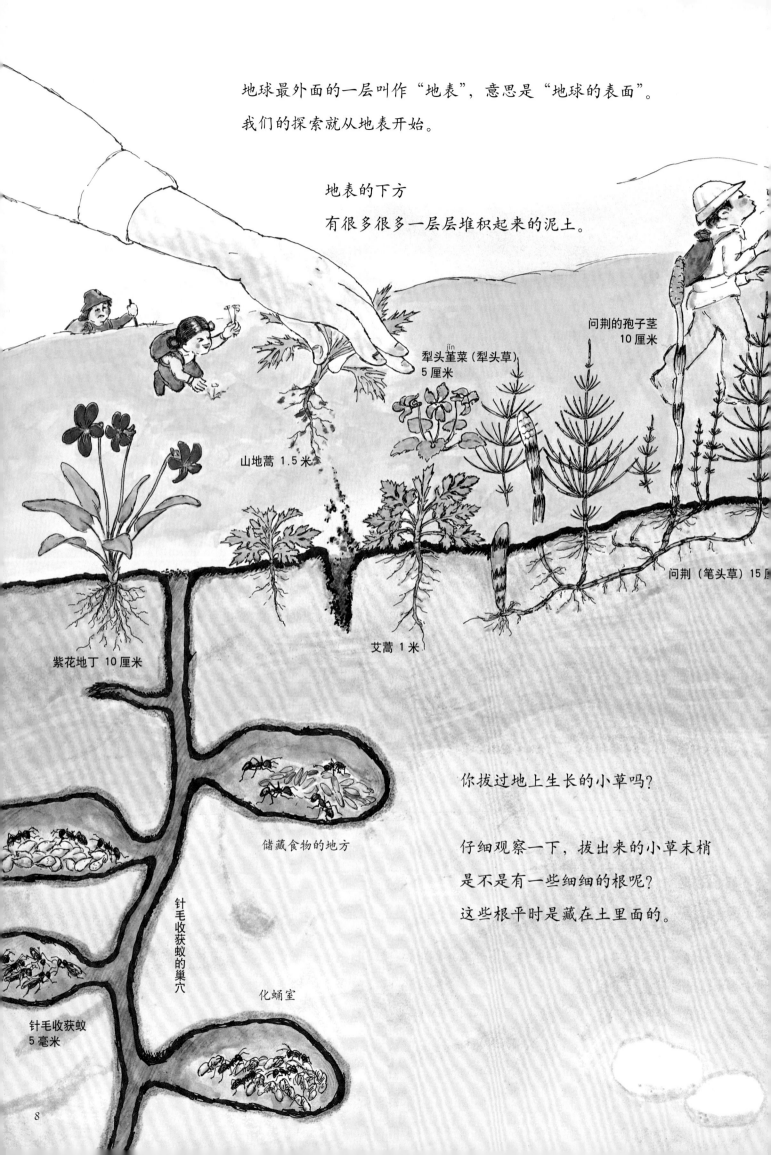

地球最外面的一层叫作"地表"，意思是"地球的表面"。
我们的探索就从地表开始。

地表的下方
有很多很多一层层堆积起来的泥土。

问荆的孢子茎
10厘米

犁头堇菜（犁头草）
5厘米

山地蒿 1.5米

问荆（笔头草）15厘

艾蒿 1米

紫花地丁 10厘米

储藏食物的地方

你拔过地上生长的小草吗？

仔细观察一下，拔出来的小草末梢
是不是有一些细细的根呢？
这些根平时是藏在土里面的。

针毛收获蚁的巢穴

化蛹室

针毛收获蚁
5毫米

8

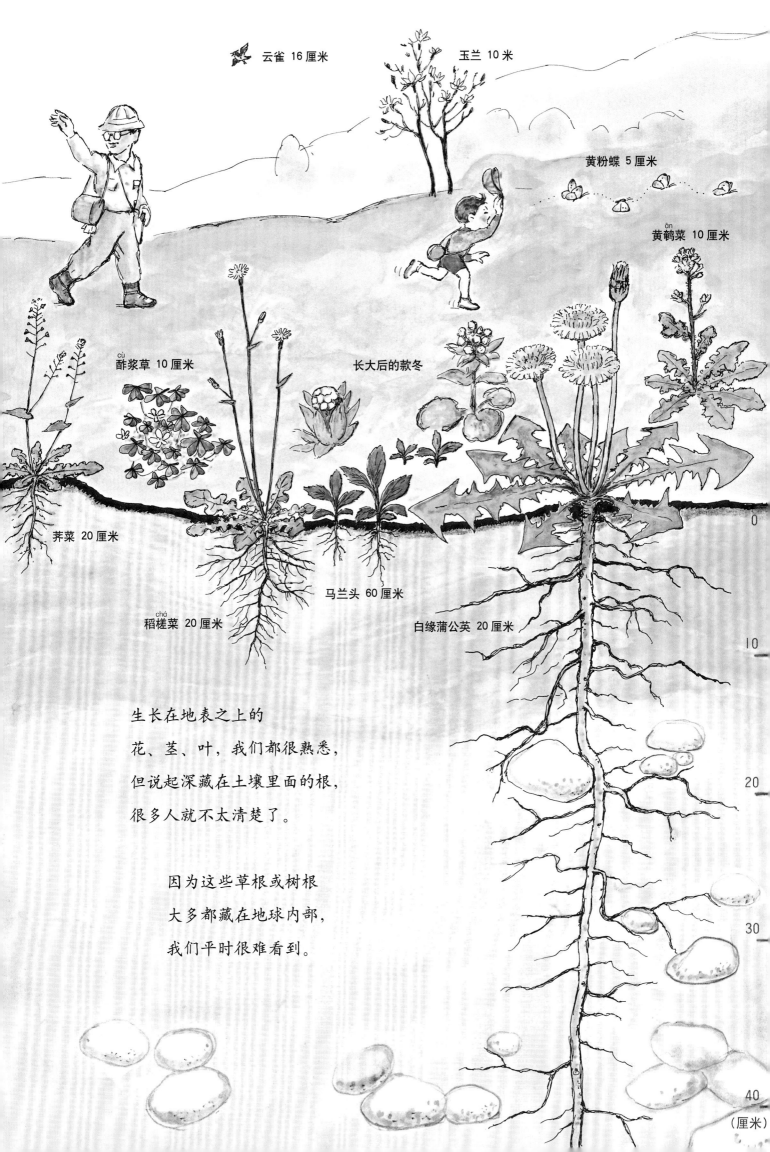

云雀 16 厘米

玉兰 10 米

黄粉蝶 5 厘米

黄鹌(ǎn)菜 10 厘米

酢(cù)浆草 10 厘米

长大后的款冬

荠菜 20 厘米

马兰头 60 厘米

稻槎(chá)菜 20 厘米

白缘蒲公英 20 厘米

0

10

20

30

40

（厘米）

生长在地表之上的
花、茎、叶，我们都很熟悉，
但说起深藏在土壤里面的根，
很多人就不太清楚了。

因为这些草根或树根
大多都藏在地球内部，
我们平时很难看到。

不管我们能不能看到，

这些深藏在地球内部的根，

对于小草和大树来说都非常非常重要。

在地表下方，那些粗壮而结实的根，

起着支撑植物的茎与干的作用；

而那些四处延展的细小的根，

则负责从土壤里吸取水和养分。

赤松 30 米

灰椋鸟 24 厘米

患松瘤锈病的松树

绿雉 80 厘米

金缕梅 4 米

蜜蜂 2 厘米

日本树莺 15 厘米

棣棠花 2 米

映山红 4 米

白车轴草 （白花三叶草） 10 厘米

荚果蕨 1 米

苦竹 米

鼠曲草 15 厘米

紫萁蕨 50 厘米

日本蒲公英 20 厘米

蕨菜 1 米

0

1

2

3

（米）

不论是娇小的草，

还是高大的树，

植物们细细长长的根

都会蔓延伸展到地球内部。

于是，地表下面布满了许许多多各种各样的根。

根据其所处位置的不同，
地表下面的土壤
有着不同的特点。

有的黏黏糊糊的，
有的松松散散的，
也有的硬邦邦的，结成了块。
各式各样的都有。

土壤的颜色也是形形色色的。

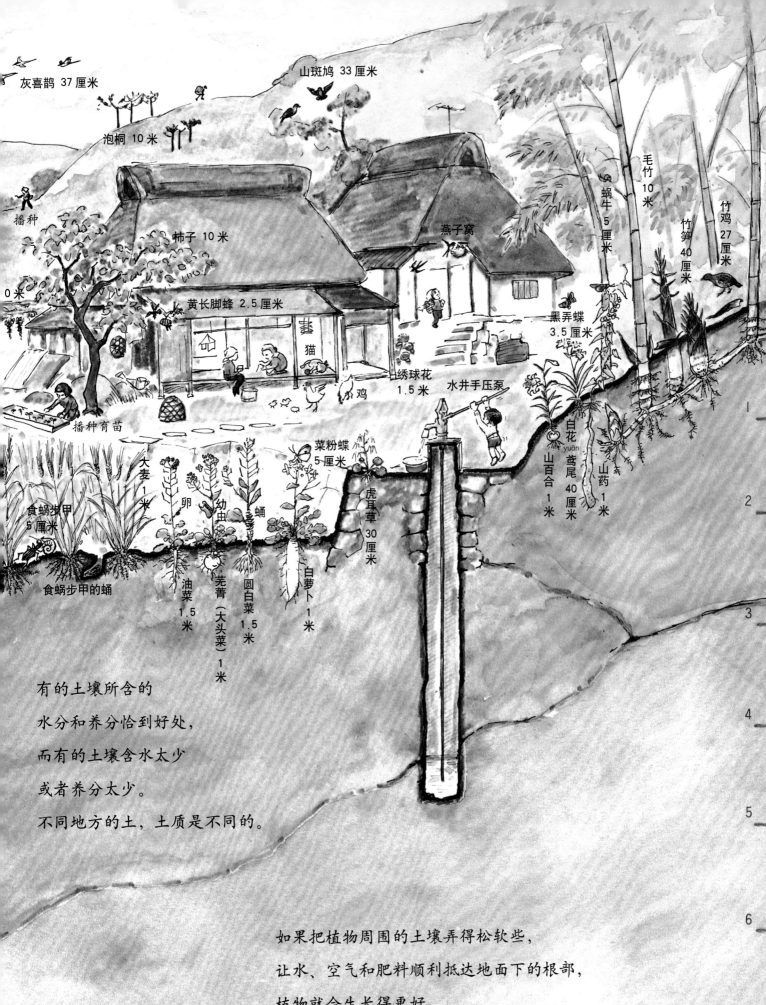

灰喜鹊 37 厘米

山斑鸠 33 厘米

泡桐 10 米

播种

毛竹 10 米

蜗牛 5 厘米

竹笋 40 厘米

竹鸡 27 厘米

柿子 10 米

燕子窝

黑弄蝶 3.5 厘米

0 米

黄长脚蜂 2.5 厘米

猫

鸡

绣球花 1.5 米

水井手压泵

白花鸢尾 40 厘米

山百合 1 米

山药 1 米

播种育苗

菜粉蝶 5 厘米

虎耳草 30 厘米

大麦 1 米

卵

幼虫

蛹

食蜗步甲 5 厘米

食蜗步甲的蛹

油菜 1.5 米

芜菁（大头菜）1 米

圆白菜 1.5 米

白萝卜 1 米

有的土壤所含的
水分和养分恰到好处，
而有的土壤含水太少
或者养分太少。
不同地方的土，土质是不同的。

如果把植物周围的土壤弄得松软些，
让水、空气和肥料顺利抵达地面下的根部，
植物就会生长得更好。
栽种农作物前要先翻地，就是这个原因。

1

2

3

4

5

6

7

8
（米）

乌鸦 57 厘米

牧场

马 2 米

耕耘机

松枯叶蛾
8 厘米

猪 1.5 米

屎壳郎 2 厘米

金龟子 2.5 厘米

红天蛾 6 厘米

红铜丽金龟
1.5 厘米

捕获猎物的螺蠃

金凤蝶 10 厘米

艳金龟 2 厘米

茄子 50 厘米

天牛 1.5 厘米

大豆
60
厘
米

螺
luǒ
蠃
（细
腰
蜂）
2
厘
米

牛
蒡
bàng
1
米

红薯
3 米

线虫
2 毫米

虎甲
2
厘
米

甲螨
1 毫米

胡萝卜
10
厘
米

红萝卜
8
厘
米

金凤蝶的幼虫

跳虫
1
厘
米

青萝卜
20
厘
米

生姜
40
厘
米

洋葱
40
厘
米

淡蓝步甲
3 厘米

大葱
50
厘
米

蚯蚓
15
厘
米

植物的根也是各式各样的，

有的粗壮，有的纤细，

有的是瘦长形的，有的是球形的。

根是植物储藏养分的地方，

养分则是植物生长必需的东西。

你们看，植物把它们最重要的部分

藏在地表下面。

这样说来，地球内部储藏着许多

十分重要的东西呀。

kuáng
鵟 55 厘米

蚂蚁的"结婚飞行"

葡萄架 3 米

梨树 2 米

百叶箱

山羊 1 米

牛 2 米

洒水器

塑料大棚

七星瓢虫
8 毫米

食虫虻 2.5 厘米

拖拉机

牛虻 2 厘米

稻绿椿象 1.35 厘米

大蚊 4 厘米

白尾灰蜻 5 厘米

二十八星瓢虫
6 毫米

长出翅膀的蚂蚁

捉住蚂蚁的虎甲幼虫

马陆 2 厘米

长鼠妇 1 厘米

草莓 10 厘米

鼠妇（西瓜虫）1 厘米

抽水机

蝼蛄 8 厘米

花生 30 厘米

西红柿 1.5 米

黄瓜 20 厘米

艳金龟的幼虫

玉米 3 米

红蚯蚓 6 厘米

不光植物会藏身在这里，

很多小虫子也巧妙地利用着地表下的空间，

自由自在地生活着。

从肉眼看不见的微小生物，

到稍微大一些的昆虫或蚯蚓，

那里生活着各种各样的小虫子。

1

2

3

4

（米）

15

在土壤里面，
火辣辣的太阳晒不到，
肆虐的狂风也刮不进去。

就算外面下起了阴冷的雨雪，
钻到土壤里深一点的地方，
温度还是很适宜。

连在一起飞行的碧伟蜓

青凤蝶 9 厘米

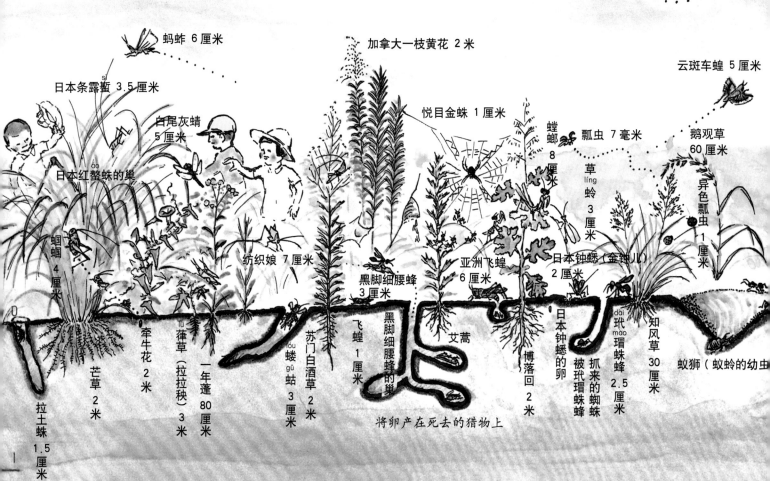

蚂蚱 6 厘米

加拿大一枝黄花 2 米

云斑车蝗 5 厘米

日本条露螽 sī 3.5 厘米

白尾灰蜻 5 厘米

悦目金蛛 1 厘米

螳螂 8 厘米

瓢虫 7 毫米

鹅观草 60 厘米

日本红螯蛛的巢

蝈蝈 4 厘米

草蛉 líng 3 厘米

异色瓢虫 1 厘米

纺织娘 7 厘米

亚洲飞蝗 6 厘米

日本钟蟋（金钟儿）2 厘米

牵牛花 2 米

黑脚细腰蜂 3 厘米

芒草 2 米

葎草（拉拉秧）lǜ 3 米

一年蓬 80 厘米

苏门白酒草 2 米

蝼蛄 lóu gū 3 厘米

飞蝗 1 厘米

黑脚细腰蜂的巢

艾蒿

日本钟蟋的卵

玳瑁蛛蜂 dài mào 2.5 厘米

知风草 30 厘米

拉土蛛 1.5 厘米

博落回 2 米

将卵产在死去的猎物上

被玳瑁蛛蜂抓来的蜘蛛

蚁狮（蚁蛉的幼虫）

0

1

2

3（米）

因此，昆虫们通常会在土壤里产卵，
或是钻到地面下生活。

生活在土壤里的昆虫，
靠啃食植物的根、吸吮植物的汁液，
或是捕食土里的其他小虫来生存。

16

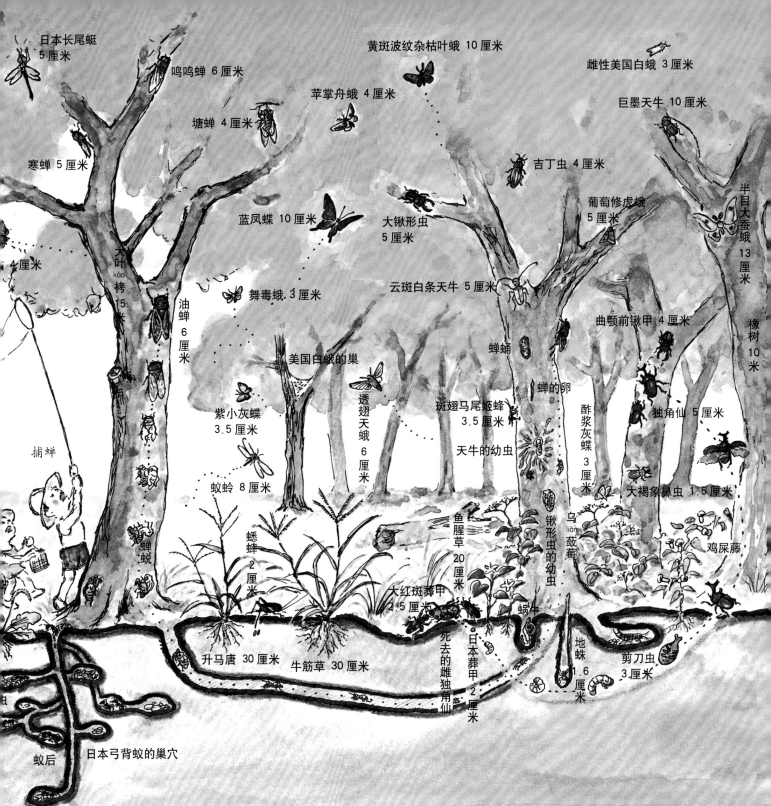

产在土壤里的昆虫的卵，到了一定的季节，

就会孵化成幼虫，慢慢长大，然后变成蛹，

最后变成成虫从蛹里爬出来，

自由地飞来飞去。

对昆虫们来说，

生活在地面下更安全，

而且更舒适。

松鸦 33 厘米

睡鼠 12 厘米

槲寄生 hú

牛头伯劳 20 厘米

荚蒾 mí

胡蜂的巢

麻栎 15 米

栗耳短脚鹎 bēi 30 厘米

山桐子 10 米

麻栎的果实

地榆 1 米

烧制木炭

木通 5 米

野兔 50 厘米

栗树 15 米

龙胆草 30 厘米

铜长尾雉 1.3 米

绿头鸭 60 厘米

猴子 60 厘米

日本鼩鼱 qú yǎn 11 厘米

鼹鼠（地鼠）6 厘米

黄刺蛾的茧

双黑目天蚕蛾的茧

绿翅鸭 40 厘米

菝葜（金刚藤）bá qiā 1 米

枹栎 bāo lì 10 米

橡子

米蝰蠃的巢

黄鼠狼 30 厘米

花楸 qiū 3 米

田鼠 15 厘米

野葡萄

巢鼠 10 厘米

山药

螳螂的卵

青苦竹 1 米

茅草 1.5 米

黑眉锦蛇 1 米

溪蟹 2.5

小鲵 15 厘米

1

2

3

4

5（米）

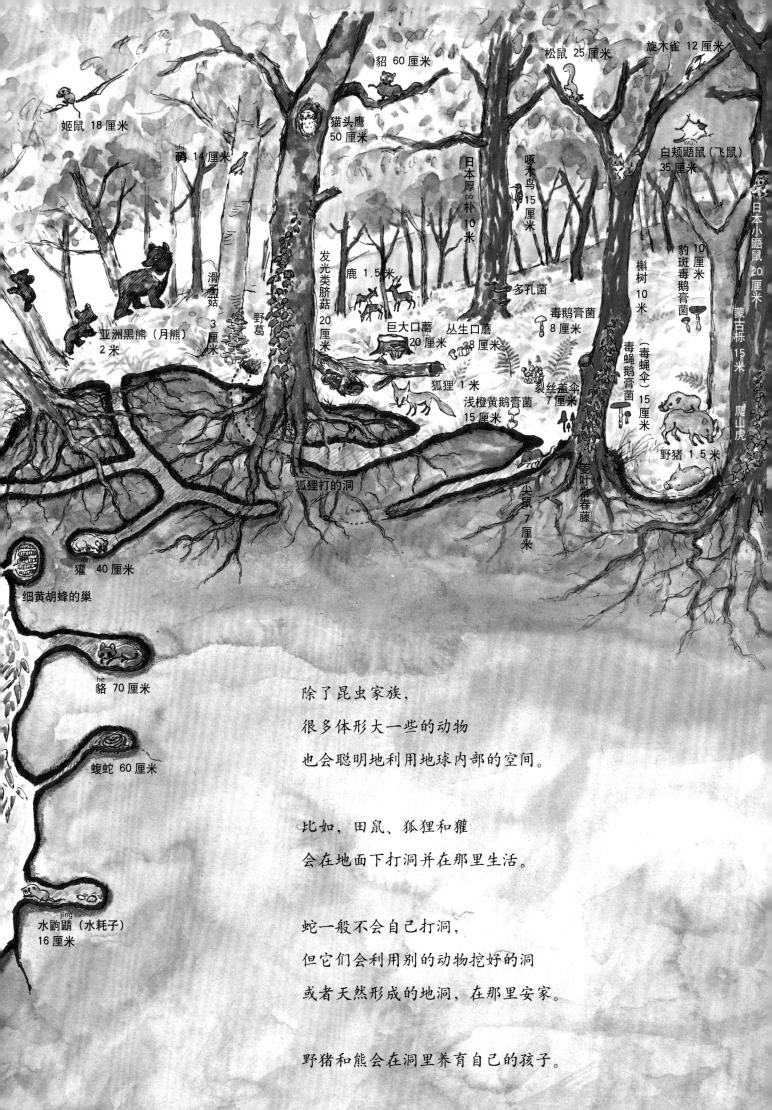

除了昆虫家族，
很多体形大一些的动物
也会聪明地利用地球内部的空间。

比如，田鼠、狐狸和獾
会在地面下打洞并在那里生活。

蛇一般不会自己打洞，
但它们会利用别的动物挖好的洞
或者天然形成的地洞，在那里安家。

野猪和熊会在洞里养育自己的孩子。

松鼠

鹿

貉

飞鼠

白貂 40 厘米

日本睡鼠

熊 2 米

日本矮竹 2 米

0

10

20

30

40（米）

寒冷的冬天一到，
很多动物就会躲进挖好的洞穴里，
静静地睡上一觉，
直到春天再次来临。

有的动物则会事先在洞穴里
储存好过冬的食物，
比如草籽或者树上结的果实等，
然后靠吃这些食物度过冬天，
等到温暖的春天再次到来时才出洞。

对于住在地球内部的动物们来说，
这里既是温暖的家，
又是储存食物的宝库，
它们在这里快乐地生活着。

滑雪场

野兔

狐狸　　　狐狸的脚印

兔子的雪穴

鹰雕 72 厘米

兔子横向跳跃的足迹

兔子的脚印

野兔

双黑目天蚕蛾的卵

黄鼠狼

虎斑游蛇

淡蓝步甲

蜗牛

chánchú
蟾蜍
（癞蛤蟆）
13 厘米

巢鼠

日本草蜥 15 厘米

萤火虫 8 毫米

黑眉锦蛇

姬鼠

鼩鼱 10 厘米

大林姬鼠 20 厘米

21

人类和植物、动物们一样，也很会利用地表下面。

在地面下，埋藏着许许多多的自来水管、下水道、电线等等，
这些管道就像植物的根一样纵横交错、遍布各地。

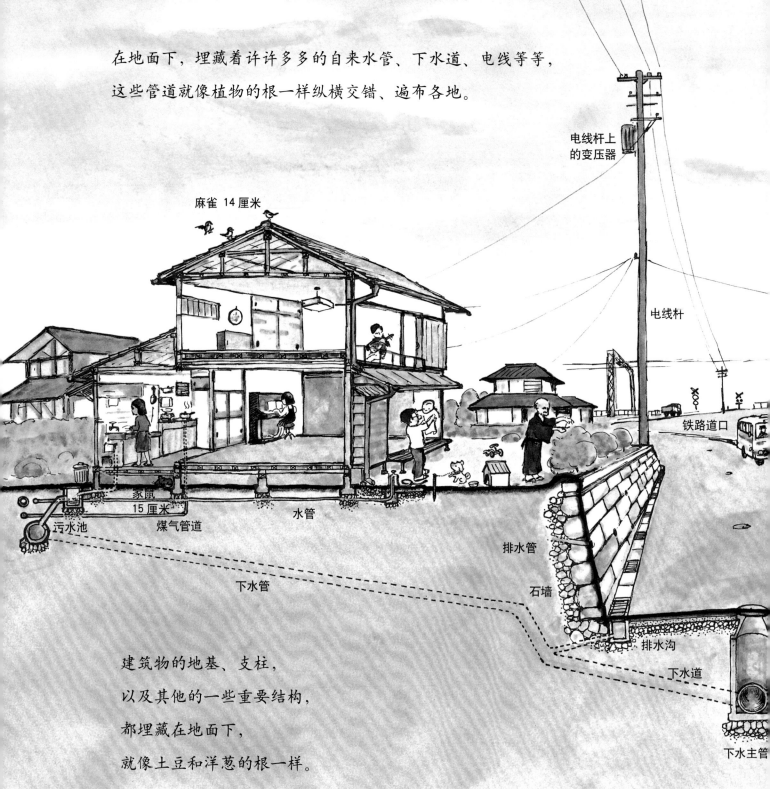

电线杆上
的变压器

麻雀 14 厘米

电线杆

铁路道口

家鼠
15 厘米

水管

污水池　　　煤气管道

排水管

石墙

下水管

排水沟

下水道

下水主管

建筑物的地基、支柱，

以及其他的一些重要结构，

都埋藏在地面下，

就像土豆和洋葱的根一样。

此外，石墙里、马路下、

下水道的入口处……

在这些地面下我们看不见的地方，

都暗藏着人类丰富的智慧与创意。

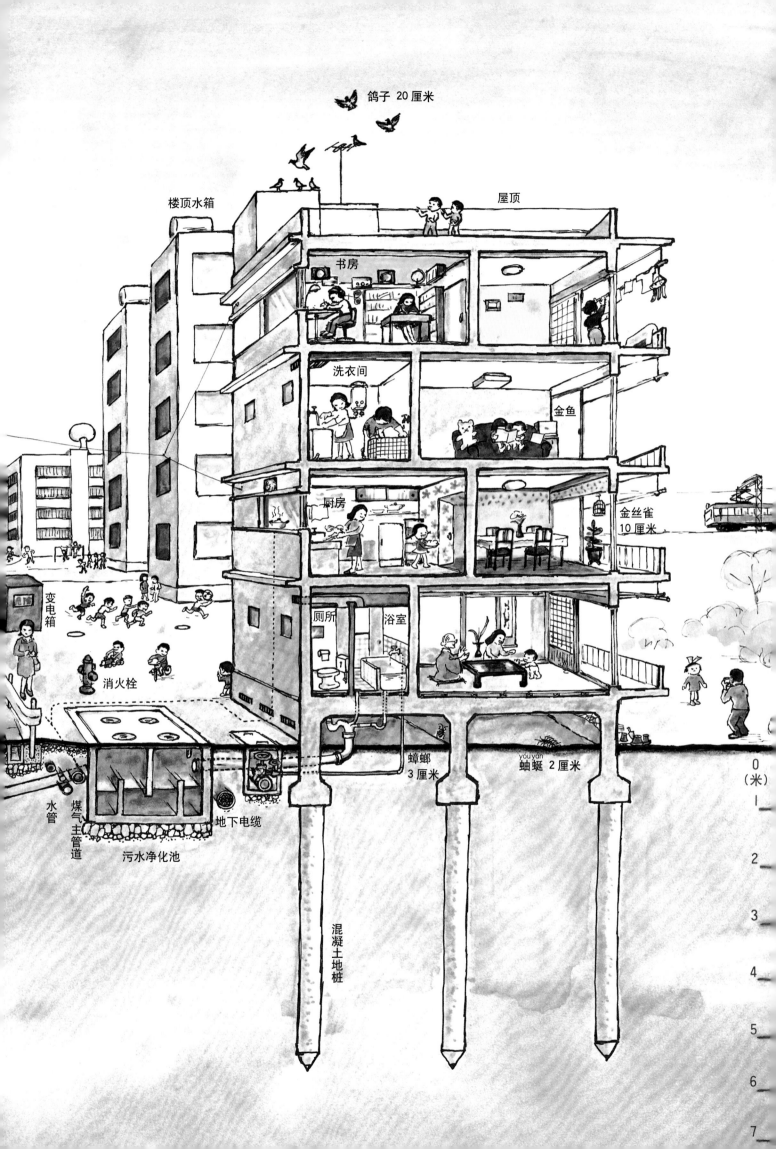

鸽子 20厘米

楼顶水箱

屋顶

书房

洗衣间

金鱼

厨房

金丝雀 10厘米

变电箱

消火栓

厕所

浴室

蟑螂 3厘米

yóu yán
蚰蜒 2厘米

0 (米)
1
2
3
4
5
6
7

水管

煤气主管道

地下电缆

污水净化池

混凝土地桩

地底下有广阔的空间，
没有那么拥挤，也不会发生碰撞，
相对比较安全。

所以，人类也像动物一样，
在地底下挖洞，做成可以穿行的地下通道，
合理地利用着地表下面。

加油站

古城

路灯

油泵

通风口

排水沟

下水道

暖气管道

地下电缆

电话线

油罐

抽风机

沟鼠 15 厘米

下水主管道

排水泵

排水沟

地下道

0

1

2

3

4

5

10（米）

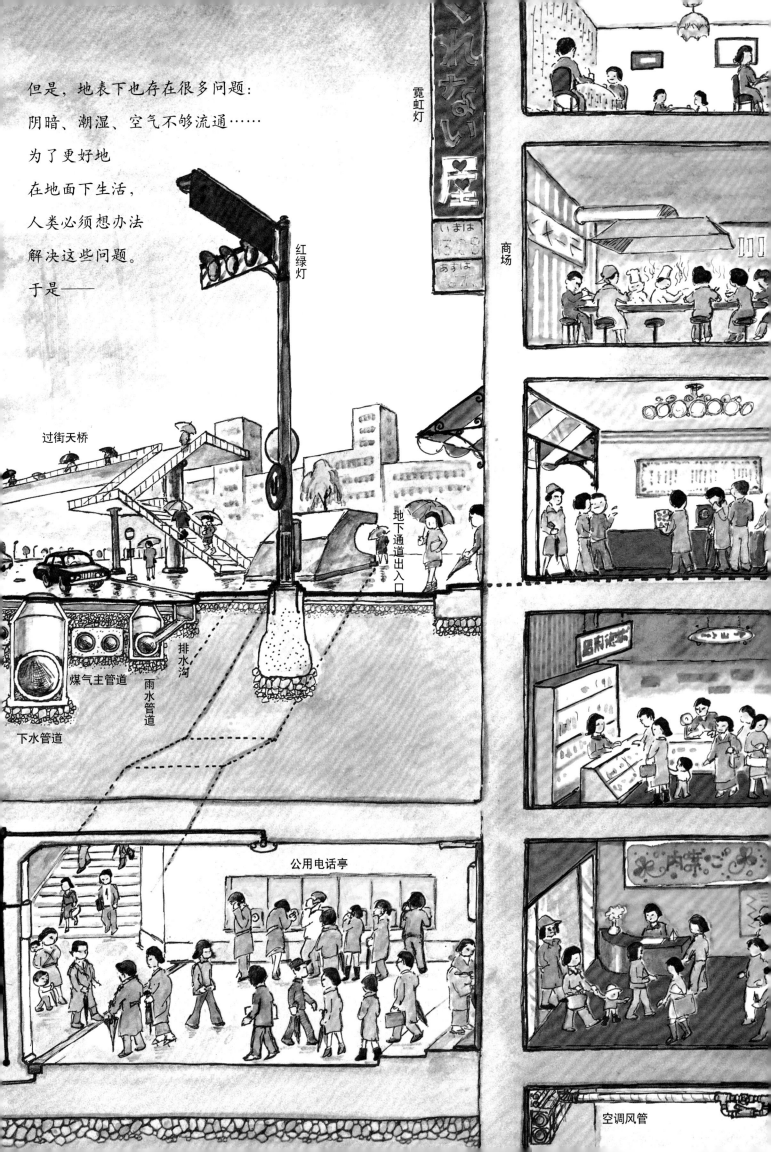

但是，地表下也存在很多问题：
阴暗、潮湿、空气不够流通……
为了更好地
在地面下生活，
人类必须想办法
解决这些问题。
于是——

霓虹灯

商场

过街天桥

红绿灯

地下通道出入口

煤气主管道

排水沟

雨水管道

下水管道

公用电话亭

空调风管

为了避免黑暗，人们在地下安装了电灯；

将渗出的地下水用水泵抽干，使地下不再潮湿；

安装输送新鲜空气的换气设备，便不用担心空气浑浊。

垂直起降飞机

同时，人们又发明了各种各样的机械，

有的用来挖掘坚硬的地方，

有的用来防止松软的土层塌方……

总之，为了更加合理有效地利用地下空间，

人类想出了种种办法。

大型直升机　卫星信号接收器

通风

电梯

酒店

轻轨

喷泉

停车场

地下通道

控制室　水泵控制室

终于，人类能够在地面以下几十米深的地方，
建起地铁，修造建筑。

因此可以说，人类对地球内部的利用，比任何植物、
任何动物都更深、更广、更丰富多样。

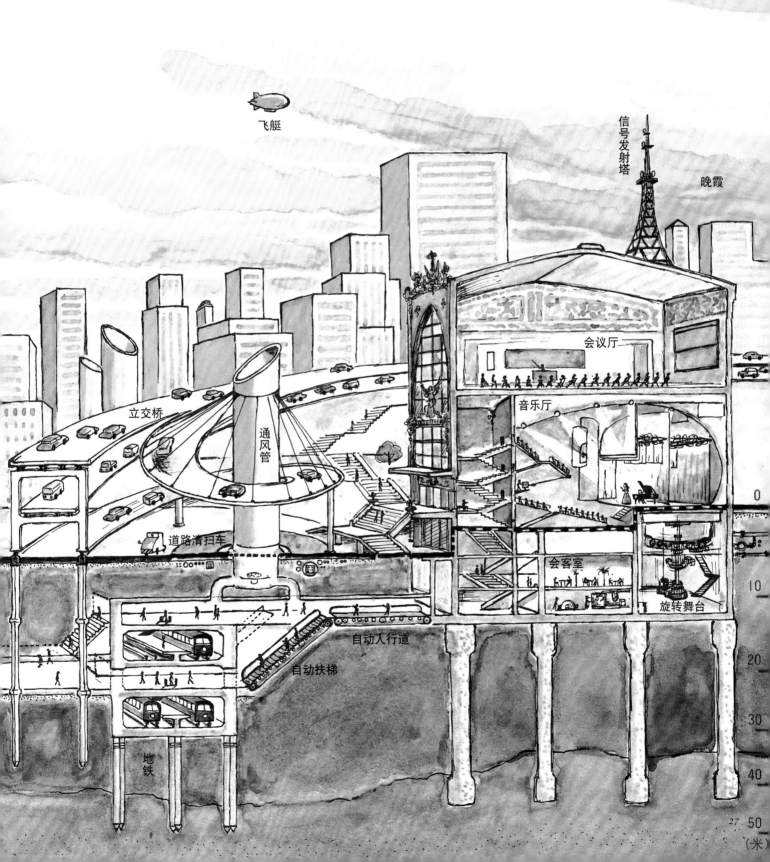

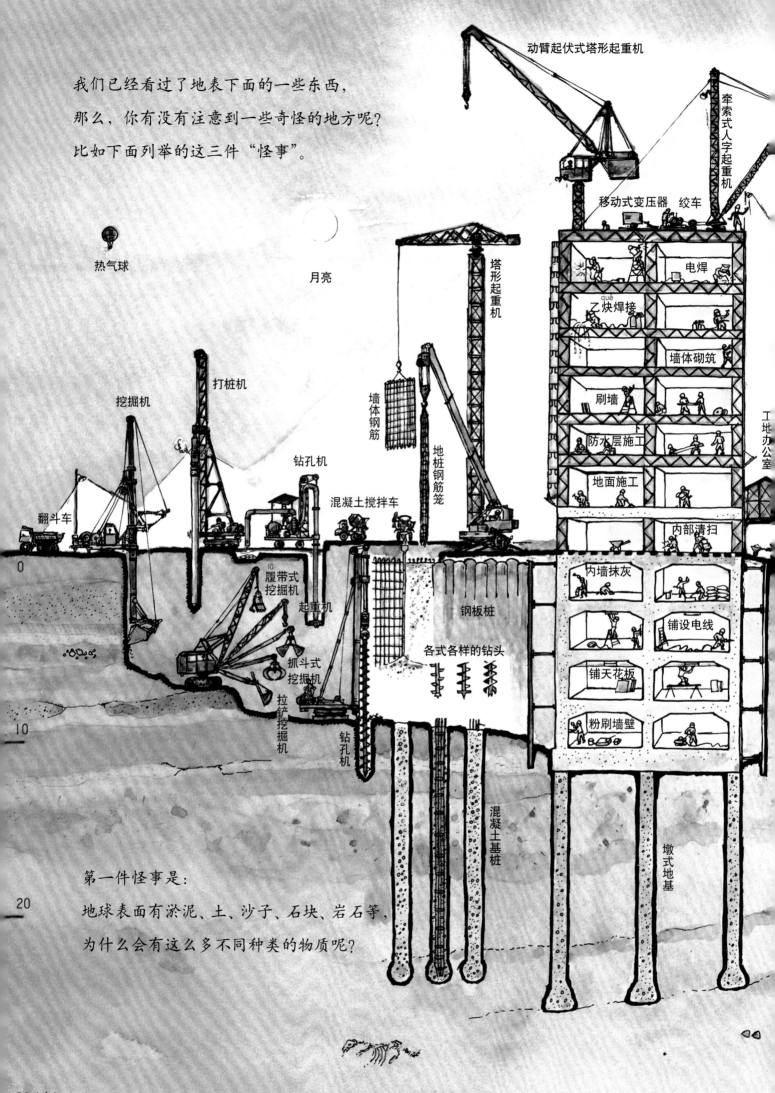

动臂起伏式塔形起重机

牵索式人字起重机

我们已经看过了地表下面的一些东西，
那么，你有没有注意到一些奇怪的地方呢？
比如下面列举的这三件"怪事"。

移动式变压器 绞车

电焊

热气球

月亮

乙炔(quē)焊接

塔形起重机

墙体砌筑

打桩机

挖掘机

刷墙

钻孔机

墙体钢筋

地桩钢筋笼

防水层施工

混凝土搅拌车

地面施工

工地办公室

内部清扫

翻斗车

内墙抹灰

0

履带式挖掘机

起重机

钢板桩

铺设电线

抓斗式挖掘机

各式各样的钻头

铺天花板

拉铲挖掘机

粉刷墙壁

10

钻孔机

混凝土基桩

墩式地基

第一件怪事是：

20

地球表面有淤泥、土、沙子、石块、岩石等，
为什么会有这么多不同种类的物质呢？

30（米）

第二件怪事是：

地表下面为什么会有颜色和

表面图案不同的岩石呢？

轻型飞机

第三件怪事是：

地底下为什么会出现各种奇怪的动物骨骼？

明明不是海的地方，怎么会出现贝壳、鱼骨等海里的东西？

原因到底是什么呢？

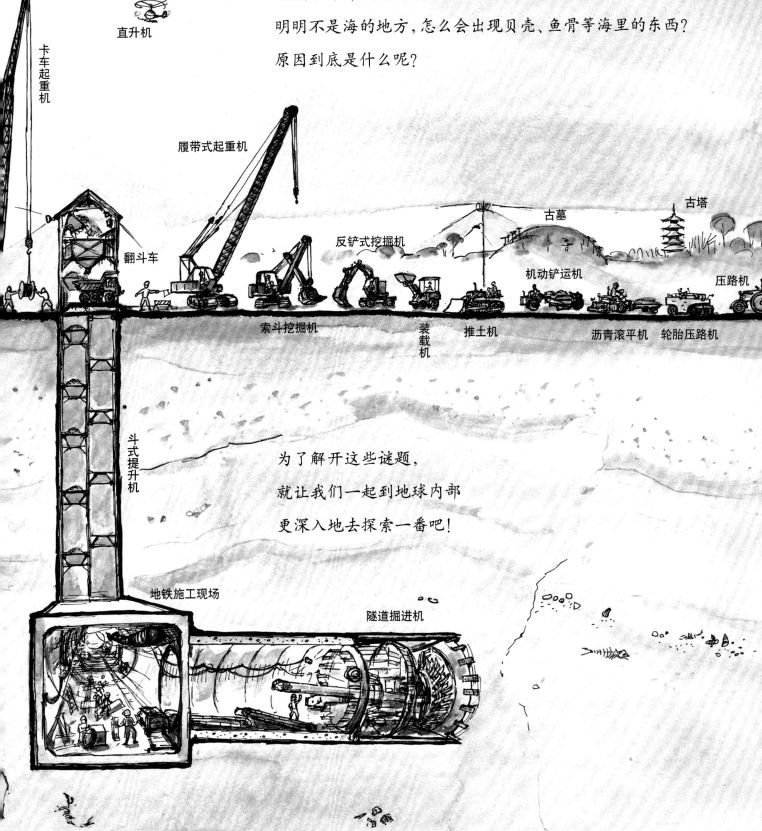

直升机

卡车起重机

履带式起重机

翻斗车

反铲式挖掘机

古墓

古塔

机动铲运机

压路机

索斗挖掘机

装载机

推土机

沥青滚平机 轮胎压路机

斗式提升机

为了解开这些谜题，

就让我们一起到地球内部

更深入地去探索一番吧！

地铁施工现场

隧道掘进机

大家都知道，地球上有很多高山。

当这些陡峭的山峰笼罩在冰冷的云雾中时，

就会下大雪或大雨。

于是，山顶上就会积聚很多冰雪。

这些冰雪越积越多，变得越来越厚重，

总有一天，一部分冰雪会裂开，往下滑。

它们在滑动的过程中，会将周围的岩石砸裂、撞断。

海棠

fú yóu
蜉蝣
1.6

有时，如果雨下得过急，

山上汇聚的洪水会把一些大石

头冲下来，那些大石头就一路

磕磕碰碰地往下滚。

kā
喀斯特地貌（岩溶地貌）

0

2

长翼蝠 28 厘米   菊头蝠 35 厘米

4

游蚕 5 厘米
划蝽 1 厘米
洞穴步甲 5 毫米

钟乳洞

拟蝎
1 毫米

螺
1
厘米

灶马
3
厘米

大蚰蜒
10
厘米

石笋   石灰柱

10

涡虫 5 厘米   白色盲虾
1 厘米

地虾 1 厘米

20

经过雨、雪长时间的冲刷，

再加上跟其他石头的碰撞，

原本很大的岩石会渐渐变小，

最终变成小石块、碎石子和沙子。

大鲵 1 米

马苏麻
40 厘米

泉水

30（米）

灰山椒鸟 20 厘米

松鼠

褐头山雀 10 厘米

杜鹃花 2 米

戴菊 10 厘米

红胁蓝尾鸲 15 厘米

蒙古栎 15 米

大叶钓樟 2 米

山樱 7 米

玉兰 6 米

红腹灰雀 16 厘米

簇叶病（天狗巢病）

鸡爪槭 10 米

猴子

鹪鹩 10 厘米

伏石蕨 1 米

映山红 2 米

鹡鸰 20 厘米

蝮蛇 60 厘米

骨碎补（毛生姜） 15 厘米

杜父鱼 3 厘米

球子蕨 50 厘米

瓦韦 20 厘米

乌（水乌鸦）

黄石蛉的幼虫

石蛾的巢

红点鲑 30 厘米

蜉蝣的幼虫

杜父鱼 7 厘米

另外，坚硬的岩石长期暴露在
恶劣的自然环境里，
风吹日晒，并受到雨雪的侵蚀，
随着温度的变化热胀冷缩，
渐渐地，也会一点点地被风化，
上面出现细小的裂缝。

岩石上的裂缝或凹坑中会长出苔藓或野草，
有时甚至会长出小树。
当这些植物的根逐渐朝深处伸展时，
岩石也会一点点地被侵蚀，进而分崩瓦解。

这样，不管原本多么坚硬、光滑的岩石，
经过长年累月的冲刷，
都会变成一碰即碎的石块
或者黏糊糊的泥土。

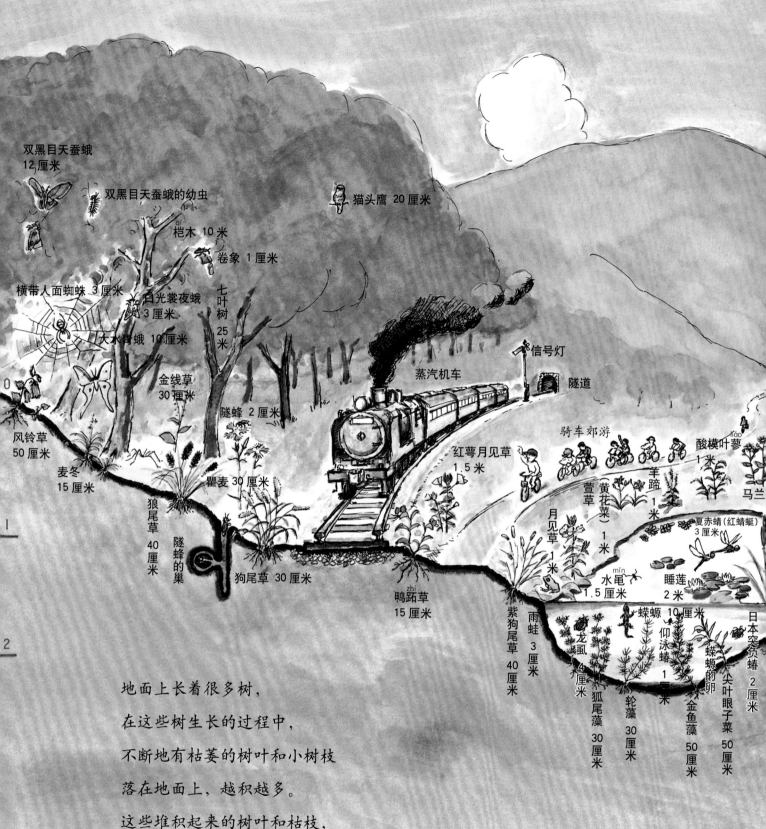

地面上长着很多树，

在这些树生长的过程中，

不断地有枯萎的树叶和小树枝

落在地面上，越积越多。

这些堆积起来的树叶和枯枝，

经过若干年的腐烂、分解，

就会变成松散的黑土。

池塘和沼泽里生长着水草，

这些水草枯萎、腐烂后，沉淀在水底，

经过了几十年，

会变成黑黝黝、黏糊糊的淤泥。

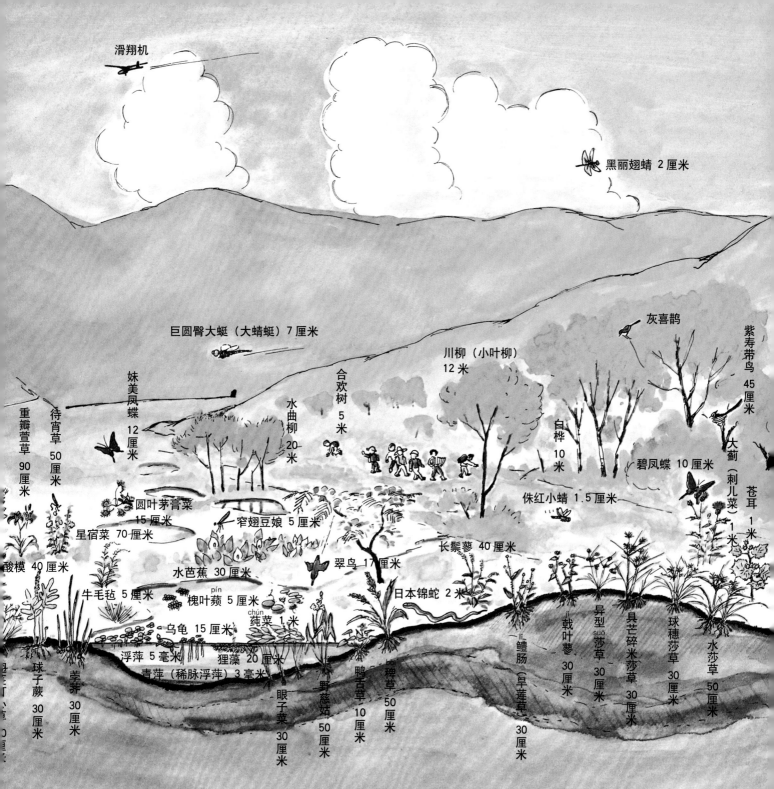

滑翔机

黑丽翅蜻 2厘米

巨圆臀大蜓（大蜻蜓）7厘米

灰喜鹊

紫寿带鸟 45厘米

川柳（小叶柳）12米

合欢树 5米

水曲柳 20米

妹美凤蝶 12厘米

白桦 10米

碧凤蝶 10厘米

大蓟（刺儿菜）1米

苍耳 1米

重瓣萱草 90厘米

待宵草 50厘米

圆叶茅膏菜 15厘米

窄翅豆娘 5厘米

侏红小蜻 1.5厘米

星宿菜 70厘米

酸模 40厘米

水芭蕉 30厘米

翠鸟 17厘米

长鬃蓼 40厘米

牛毛毡 5厘米

槐叶蘋 5厘米

日本锦蛇 2米

莼菜 1

异型莎草 30厘米

具芒碎米莎草 30厘米

球穗莎草 30厘米

水莎草 50厘米

球子蕨 30厘米

荸荠 30厘米

浮萍 5毫米

青萍（稀脉浮萍）3毫米

狸藻 20厘米

乌龟 15厘米

眼子菜 30厘米

野慈姑 50厘米

鸭舌草 10厘米

稗草 50厘米

鳢肠（旱莲草）30厘米

戟叶蓼 30厘米

广阔的草原上生长着茂密的野草，

这些野草枯萎、腐烂后，

经过几百年，

就变成了茶色的土块。

现在，你知道泥土、沙子和碎石是怎样形成的了吧，

还有为何土壤的结构特征和颜色多种多样，

为何石块和碎石子的形状、大小不一。

那么，第一件怪事的谜底就揭晓了。

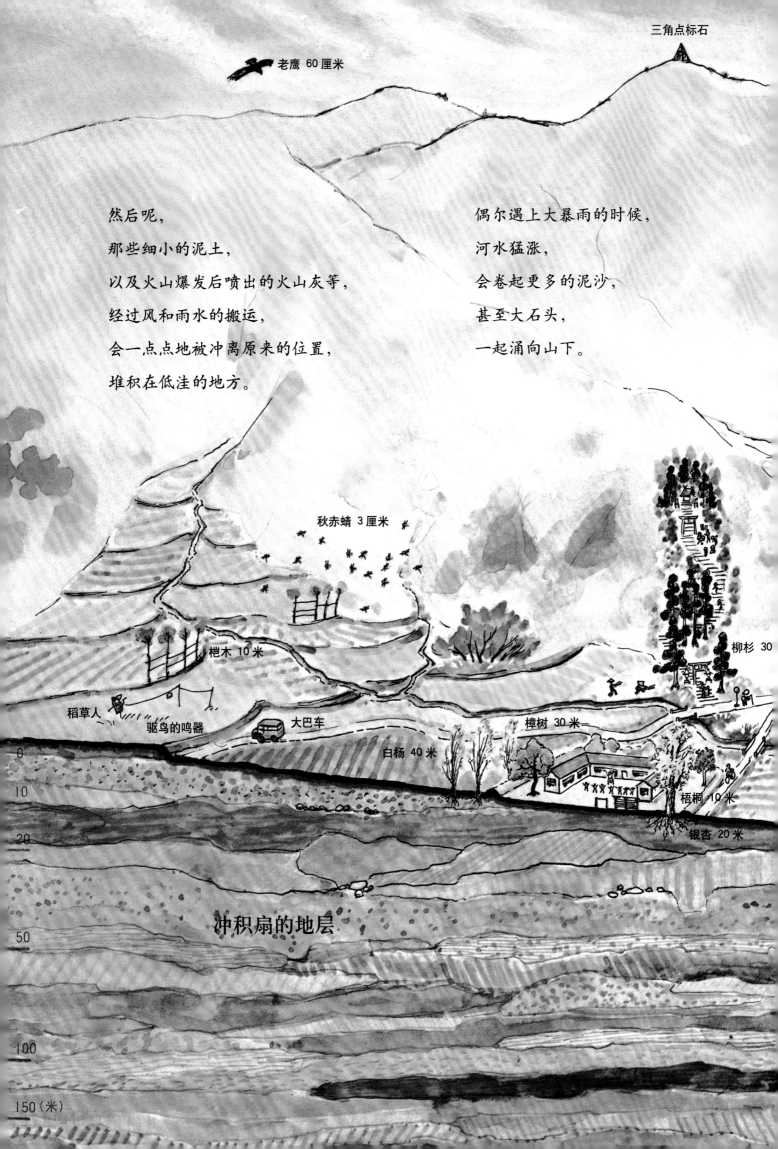

三角点标石

老鹰 60 厘米

然后呢，
那些细小的泥土，
以及火山爆发后喷出的火山灰等，
经过风和雨水的搬运，
会一点点地被冲离原来的位置，
堆积在低洼的地方。

偶尔遇上大暴雨的时候，
河水猛涨，
会卷起更多的泥沙，
甚至大石头，
一起涌向山下。

秋赤蜻 3 厘米

柳杉 30

柏木 10 米

稻草人

驱鸟的鸣器

大巴车

樟树 30 米

白杨 40 米

梧桐 10 米

银杏 20 米

0

10

20

50

冲积扇的地层

100

150（米）

斑鸠

于是，山脚下的原野和平地便被淤泥覆盖了，
原来生长在那里的植物和
住在那里的动物也都被掩埋在下面。
这样的情形，在几十年、
几百年、几千年之中，
循环往复地发生着。

麻雀

罗汉柏
20 米

扁柏
30 米

冲积平原

黑松 30 米

旧时的防火岗亭

木材工厂

榉树 25 米

香鱼 15 厘米

葛麻姆

草米

秋天的狗尾草
60 厘米

石蒜
50
厘米

地上河（河床
高出两岸地面
的河）

头状穗莎草
60 厘米

地榆
50 厘米

雀稗
60
厘米

这样，不同时期形成
的泥土、沙子等，
会在同一地区一层一层地堆
积起来，于是便形成了不同颜
色的横条纹状的层次。
研究地球内部的科学家们，把这些不同
颜色的横条纹状的层称为"地层"。

35

这种横条纹状的地层，

不只出现在陆地上。

泥土和沙子被河水一点点地带走，

汇入大海里，

然后逐渐沉积到海底。

被波浪卷来的沙子和石头也渐渐堆积在上面。

城镇地区　　　　　　　　　　　　　　　　　　工业区

港口

在这些泥土和沙石中，

会埋有一些死去的贝类、珊瑚或小鱼。

经历了几百年、几千年、几万年、几亿年，

会在海底形成几百米厚的横条纹状的地层。

可以想象，这么厚的地层该有多重，所以，

位于下面的地层会受到很大的挤压力，

在这个巨大力量的作用下，

地层上的横条纹会发生弯曲、变形，

地层逐渐变硬，

最终变成了岩石。

10

20

30

40

50

100

200（米）

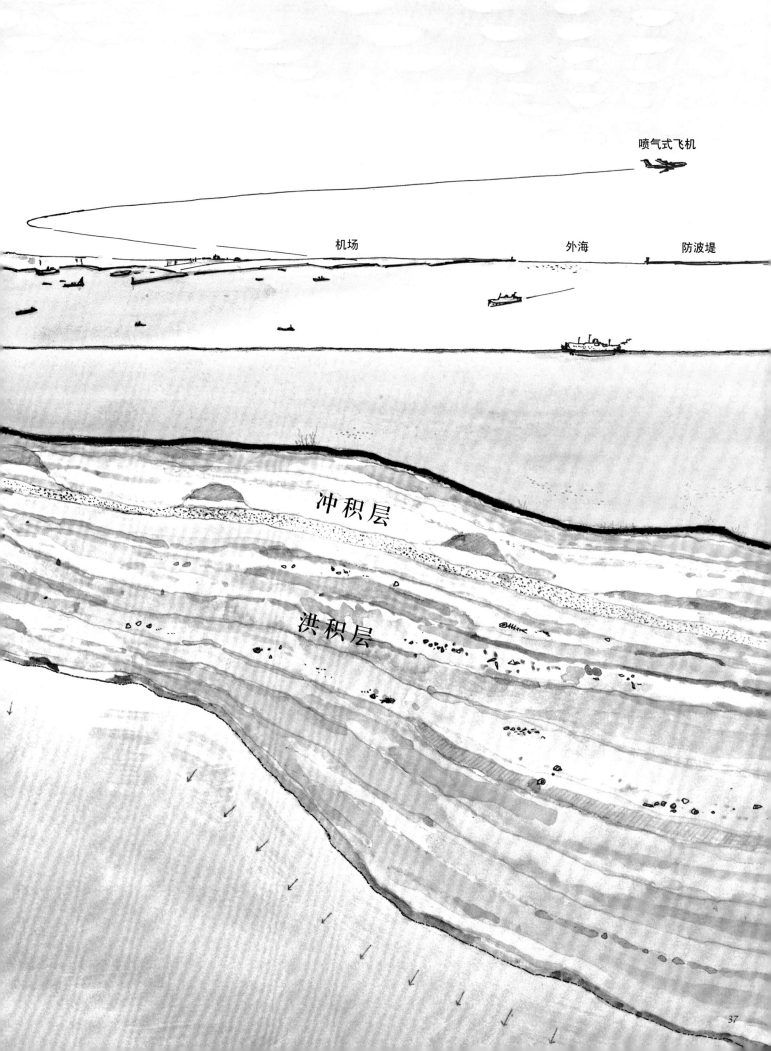

喷气式飞机

机场　　　　　　　外海　　　　防波堤

冲积层

洪积层

概括起来说就是：

坚硬结实的大石头在长时间的拍打、风化和侵蚀下，逐渐变成石块和沙子；

石块和沙子经过很长的时间后变成泥土；

这些泥土、沙子和碎石逐渐沉积，

经过非常漫长的时间后渐渐聚合在一起，重新形成坚硬的岩石。

这就解释了第二件"怪事"——为什么会有各种各样的岩石和奇怪的横条纹状地层。

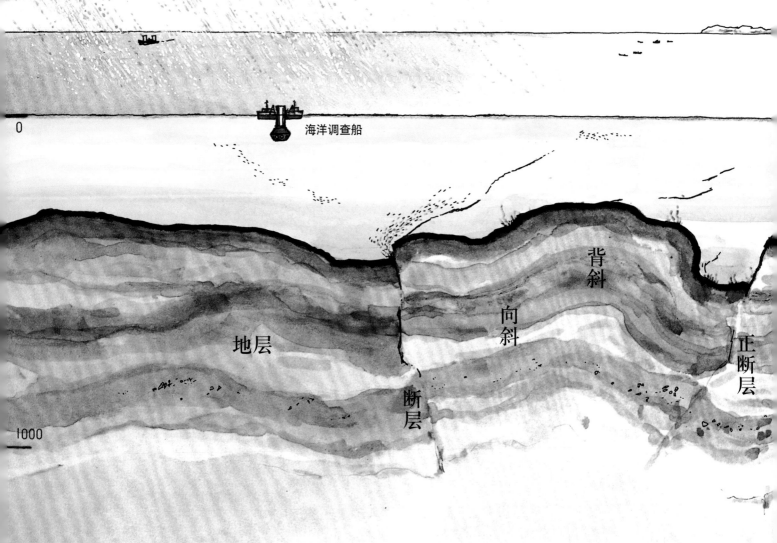

0

海洋调查船

背斜

向斜

地层

正断层

断层

1000

2000（米）

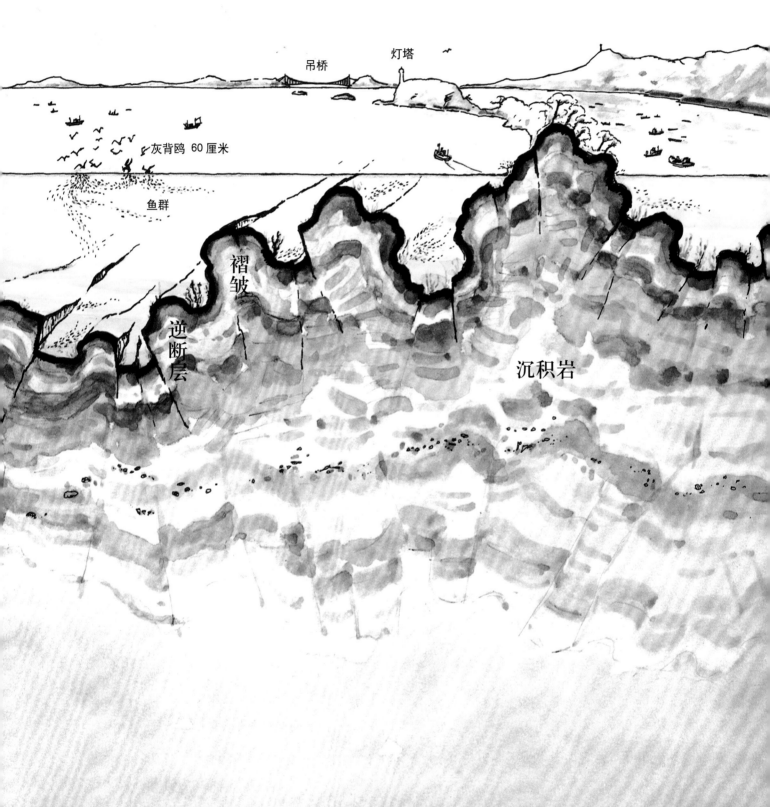

白尾海雕 1 米

吊桥

灯塔

灰背鸥 60 厘米

鱼群

褶皱

逆断层

沉积岩

观测站

冰斗

褶皱

冰川

U形谷

断

0
100
200
300
400
500

当来自地球内部的压力很大时，
这些横条纹状的地层就会产生
大幅度的弯曲、隆起……

经过几千年、几万年、几亿年，
甚至长得让你难以想象的时间之后，
曾经是海底的地方
竟会变成几千米高的山峰。

因此，现在我们在离海很远的地方
也能发现远古时期的贝类、鱼类以
及其他海洋生物的化石。

1000

侵入岩体

1500（米）

金雕 81 厘米

岩雷鸟 37 厘米

V 形谷

偃松（爬地松）1 米

被雪压弯的树

羚羊 1 米

岳桦 10 米

大白叶冷杉 20 米

云杉 30 米

白叶冷杉 20 米

铁杉 20 米

落叶松 20 米

金松 40 米

蒙古栎 15 米

白桦 10 米

水库

水力发电站

高压电线塔

龙江柳

看到这些，人们就可以猜测，
很久很久以前，这里曾经是海洋。

在感叹之余，人们也会开始思考
地球内部蕴藏的神奇力量，
以及这漫长得不可思议的时间。

不整合面

在地球里面这些横条纹的地层中，
有煤层和含油层。
那是远古时代被泥沙掩埋的植物、动物及其他生物
经过很久很久的时间，
在巨大的压力及一定温度的作用下形成的。

彩虹

0

煤矿

矿渣山

选煤厂

通风口

100

煤层

竖井

石灰岩

平坑

200

斜坑

300

除此之外，地球内部还埋藏着金、银、铜、铁、
水晶、玛瑙等各种有用的矿物和宝石。

这些矿产也是在经过很长很长的时间后，
在大自然中慢慢演变形成的，
是地球上的宝贵资源。

400

500（米）

雷雨

闪电

黏土

采石场

陶瓷工厂

碎石加工厂

采石场

回转窑

水泥厂

天然气储气罐

炼油厂

储油罐

抽油泵

采油井架

页岩层

天然气层

油层

水层

这样，我们就彻底明白
地球内部的第三件怪事了吧。

地球内部就是这样一个
蕴藏着巨大力量的神奇的地方。

地球内部的力量到底有多强，
我们来看一看火山的喷发就更清楚了。

锥状火山

穹隆

钟状火山

成层火山

喷发口

火山湖

喷气孔

火山灰地

浮石

温泉

火山弹

地下水

在有火山的地方，通常会
不断地冒出浓烟和高温蒸气。

烧焦的大石头和熔化的岩石从火山口喷发而出，
往往还会伴随着爆炸，
巨大的气浪有时甚至能把整座山崩开，堵塞河流。

从地球内部流出来的、黏糊糊的、
熔化了的岩石，叫作岩浆。
上面提到的那些火山活动，
就是岩浆喷涌而出时的表现。

0

1000

2000

3000

4000（米）

岩浆储存在地球深处的岩浆房里，

它会从地球的裂缝或较薄弱的地方流出来。

有时还没喷出地表就凝固了，

有时则会喷出地表，形成各种形状的山和丘陵。

无线电探空仪

臼状火山

柱状火山

熔岩流

叠锥状火山

中央火山锥

输电线

外轮山

太阳能研究所

地热发电站

锅状火口湖

复式火山

硫黄矿场

盾状火山

岩床

岩盖

岩脉

那么，岩浆房到底位于
地球内部多深的地方呢？

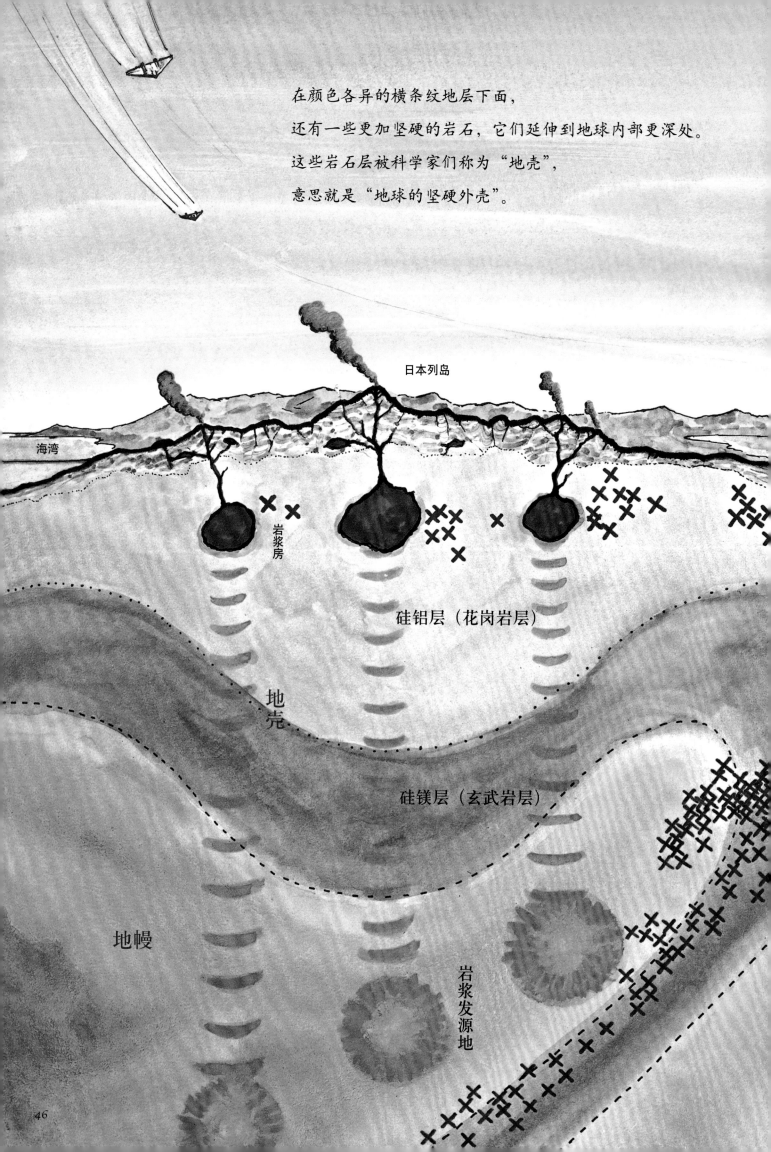

在颜色各异的横条纹地层下面，
还有一些更加坚硬的岩石，它们延伸到地球内部更深处。
这些岩石层被科学家们称为"地壳"，
意思就是"地球的坚硬外壳"。

日本列岛

海湾

岩浆房

硅铝层（花岗岩层）

地壳

硅镁层（玄武岩层）

地幔

岩浆发源地

地壳有厚有薄，

陆地下面的地壳比较厚，

海洋下面的地壳则比较薄。

岩浆房就分布在地壳的上部，

由熔化了的岩石汇集而成。

一般认为，岩浆房是由于地壳更下方、更高温的岩浆发源地

将熔化了的大石头及热力向上输送而形成的。

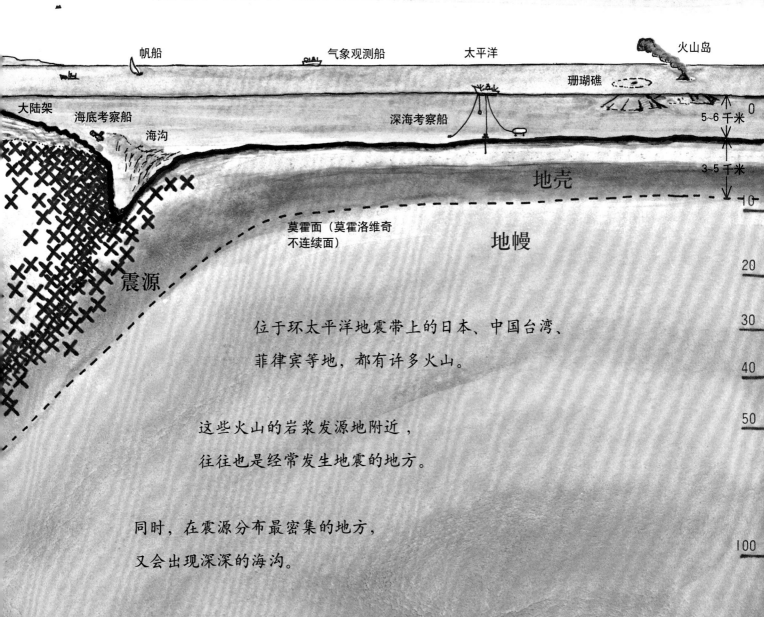

位于环太平洋地震带上的日本、中国台湾、

菲律宾等地，都有许多火山。

这些火山的岩浆发源地附近，

往往也是经常发生地震的地方。

同时，在震源分布最密集的地方，

又会出现深深的海沟。

岩浆发源地、震源以及海沟，

为什么会这么集中地一起出现呢？

地壳下面，有一层更加厚重的岩石，
科学家们把这里叫作地幔。
地幔虽然是由很重的大岩石构成的，
却能以极缓慢的速度移动。

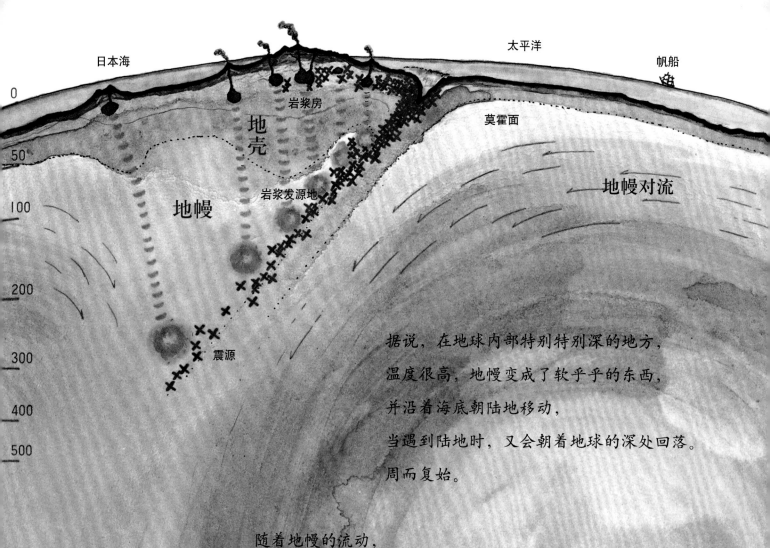

据说，在地球内部特别特别深的地方，
温度很高，地幔变成了软乎乎的东西，
并沿着海底朝陆地移动，
当遇到陆地时，又会朝着地球的深处回落。
周而复始。

随着地幔的流动，
海洋地壳也会随之缓慢地移动，
于是就会跟大陆地壳发生剧烈的碰撞、挤压。
海洋地壳回落的地方就形成了海沟。

在大陆地壳和海洋地壳发生挤压并弯曲的地方，
摩擦产生的巨大热量会使岩石熔化，
形成岩浆。
地底深处地壳间的这种摩擦、错位和断裂，
也是发生地震的根源。

为什么在地球内部，
岩浆发源地、震源
和海沟会出现在一起，
这下大家明白了吧？

仔细想想，我们所居住的这个地球，
在它内部很深、很深的地方，
竟然会有如此巨大的岩石流在缓慢地移动，
这真是一件让人惊叹的事呀！

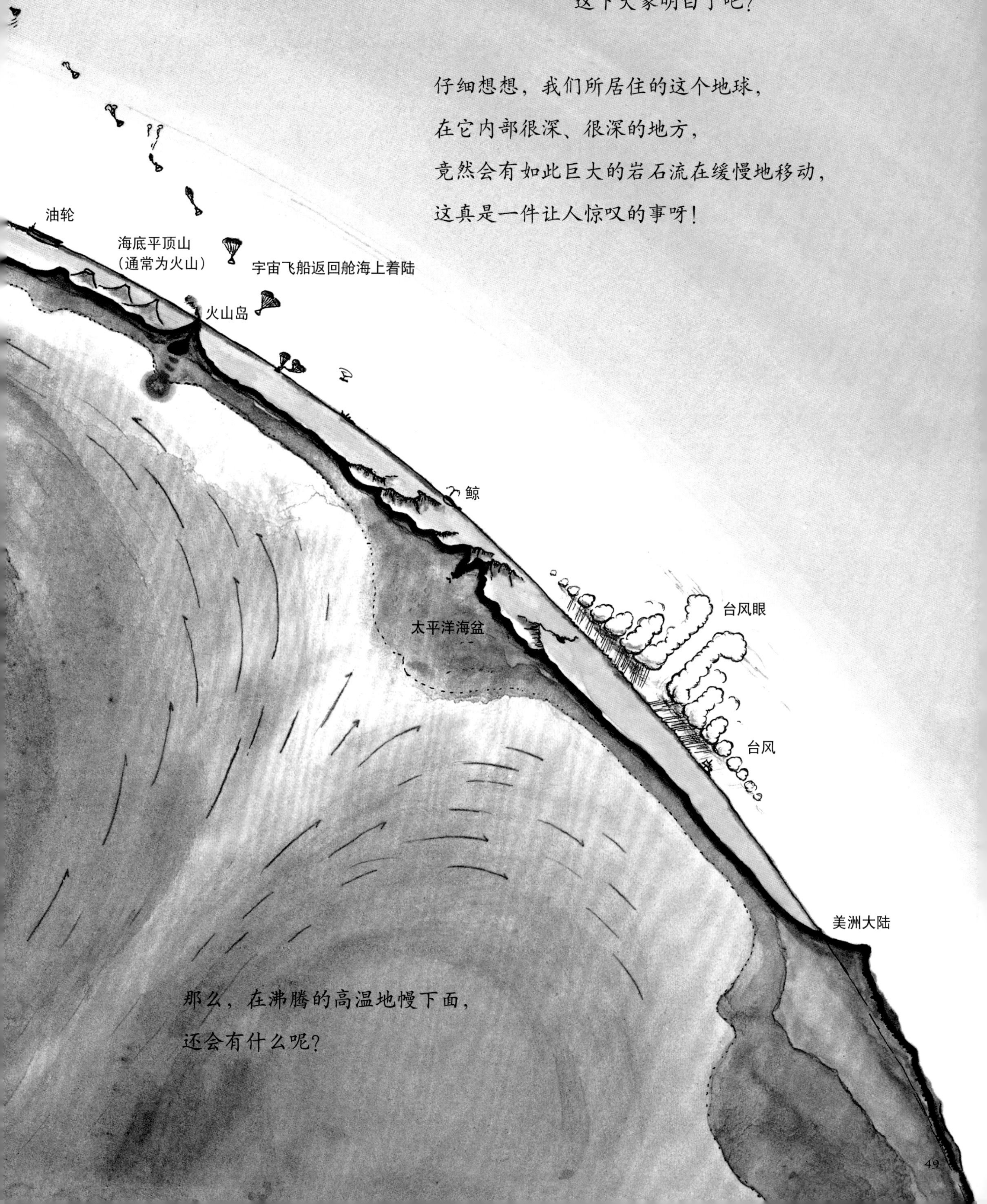

油轮

海底平顶山
（通常为火山）

宇宙飞船返回舱海上着陆

火山岛

鲸

台风眼

太平洋海盆

台风

美洲大陆

那么，在沸腾的高温地幔下面，
还会有什么呢？

49

地幔的下部已经离地球的中心很近了。

地球中心的压力比地壳、地幔处的压力要大得多，

温度也极其高，这里的岩石已经完全熔化为黏稠的岩浆。

科学家们称这里为"地核"。

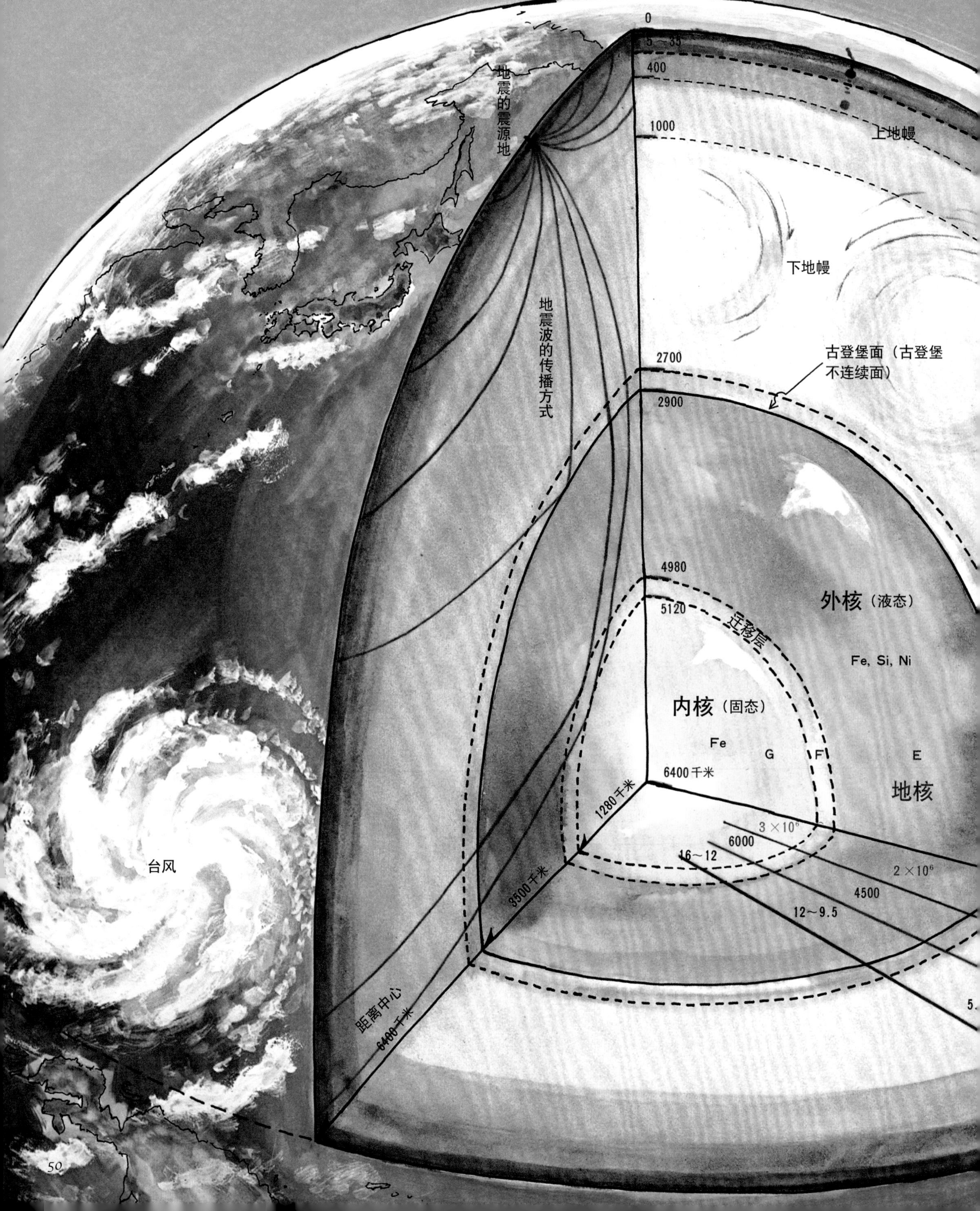

地震的震源地

地震波的传播方式

0
5　35
400
1000
上地幔
下地幔
2700
古登堡面（古登堡不连续面）
2900
4980
5120　过渡层
外核（液态）
Fe, Si, Ni
内核（固态）
Fe　G　F　E
6400千米
地核
1280千米
3×10⁶
6000
16～12
2×10⁶
4500
12～9.5
3500千米
距离中心
6400千米
台风
5

50

你一定剥过煮鸡蛋吧?

地球内部的结构可以比喻成煮得半熟的鸡蛋。

地壳可以比作鸡蛋壳,

地幔就像凝固了的蛋清,

地核则可以看成是半熟的、黏糊糊的蛋黄。

气象卫星

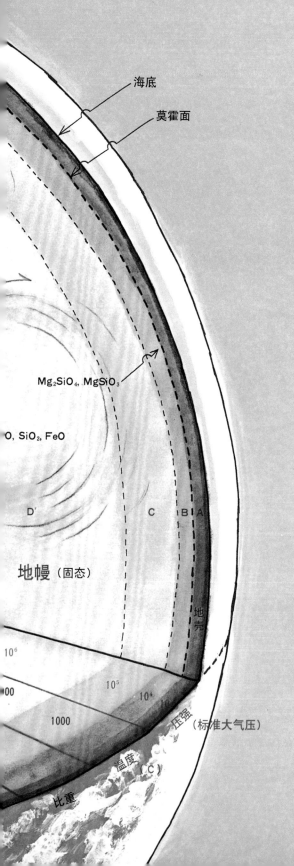

海底

莫霍面

Mg_2SiO_4, $MgSiO_3$

O, SiO_2, FeO

D'   C B A

地幔(固态)

地壳

10^6

10^5

10^4

00

1000

压强

(标准大气压)

温度(℃)

比重

但是, 我们很难像切熟鸡蛋那样

把地球切开来看一看。

为了了解地球内部的情形,

科学家们开动脑筋, 费了好多心血,

想出各种各样的办法来进行观测。

例如, 通过地震时地震波传递的强弱与速度差,

来对地球内部的构造进行细致的研究。

那么, 为什么地球内部的压力会那么大、

温度会那么高呢?

为什么岩石会变成黏糊糊的岩浆呢?

（目前已经不属于
太阳系的行星*）

冥王星

质量 0.002 倍
半径 0.2 倍
体积 0.006 倍
公转周期 247.7 年
＜有 5 颗卫星＞

*2006 年 8 月 24 日，国
际天文学联合会决定，
不再将冥王星列入太阳
系行星，而是将其视为
太阳系的"矮行星"。

要想知道这些，

就必须先弄清楚地球是如何诞生的。

若想知道地球是如何诞生的，

就必须先弄清楚浩瀚无穷的宇宙是怎样形成的。

59.1×10^8 千米

44.9×10^8 =

天王星

质量 14.5 倍
半径 4 倍
体积 63 倍
自转周期 17 小时多
公转周期 84.3 年
＜有 27 颗卫星＞

海王星

质量 17 倍
半径 3.9 倍
体积 58 倍
自转周期 约 16 小时
公转周期 165 年
＜有 14 颗卫星＞

小行星

彗星

水星

质量 0.06 倍
半径 0.38 倍
体积 0.06 倍
自转周期 59 天
公转周期 88 天
＜没有卫星＞

质量 1 倍
半径 1 倍
体积 1 倍
自转周期 约 1 天
公转周期 1 年
＜有 1 颗卫星＞

太阳系的行星

地球

月球

质量 0.01 倍
半径 0.27 倍
体积 0.02 倍
自转周期 27.3 天
公转周期 27.3 天

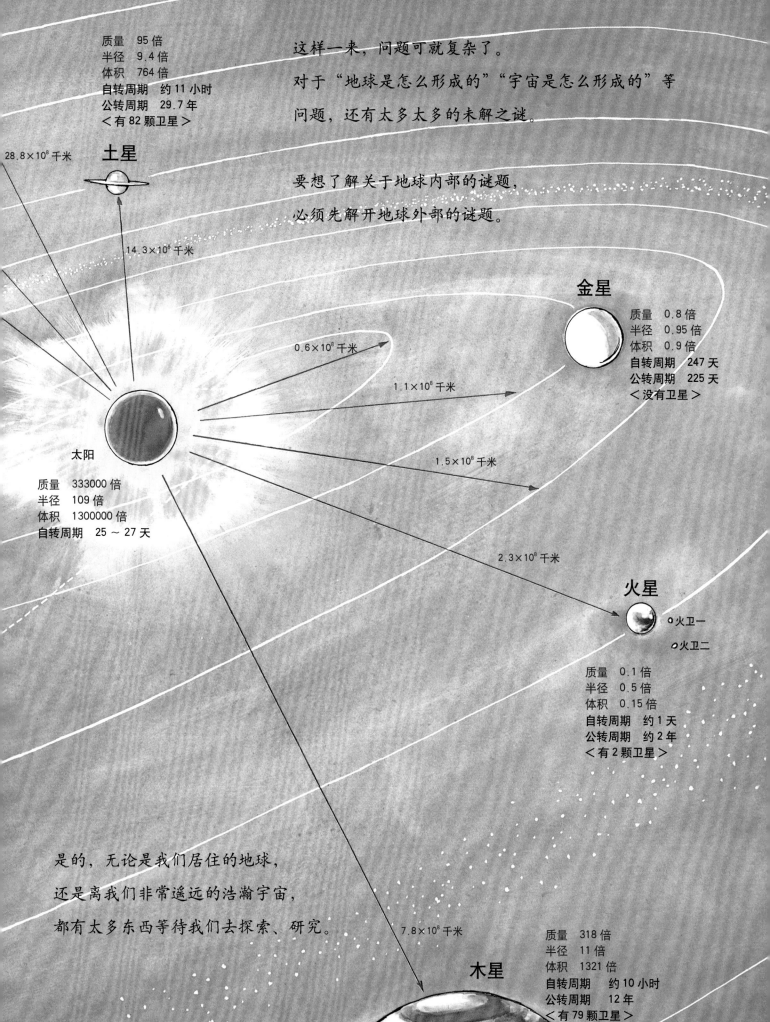

质量 95 倍
半径 9.4 倍
体积 764 倍
自转周期 约 11 小时
公转周期 29.7 年
< 有 82 颗卫星 >

这样一来，问题可就复杂了。

对于"地球是怎么形成的""宇宙是怎么形成的"等

问题，还有太多太多的未解之谜。

28.8×10^8 千米

土星

要想了解关于地球内部的谜题，

必须先解开地球外部的谜题。

14.3×10^8 千米

金星

质量 0.8 倍
半径 0.95 倍
体积 0.9 倍
自转周期 247 天
公转周期 225 天
< 没有卫星 >

0.6×10^8 千米

1.1×10^8 千米

太阳

质量 333000 倍
半径 109 倍
体积 1300000 倍
自转周期 25 ~ 27 天

1.5×10^8 千米

2.3×10^8 千米

火星

○ 火卫一

○ 火卫二

质量 0.1 倍
半径 0.5 倍
体积 0.15 倍
自转周期 约 1 天
公转周期 约 2 年
< 有 2 颗卫星 >

是的，无论是我们居住的地球，

还是离我们非常遥远的浩瀚宇宙，

都有太多东西等待我们去探索、研究。

7.8×10^8 千米

质量 318 倍
半径 11 倍
体积 1321 倍
自转周期 约 10 小时
公转周期 12 年
< 有 79 颗卫星 >

木星

53

我想，在读着这本书的各位当中，
将来一定会有人去研究地球之谜、宇宙之谜的。

好，就让我们大家一起来努力吧！
再见！

创作笔记

着眼 "未来时"

这本大型科学绘本《加古里子地球图鉴》终于出版了，我感到非常高兴。

大家只要稍稍浏览一下，就马上可以看出，这本书描绘的是地球，而且重点是放在地球内部。到目前为止，以 "地球"（或类似题材）为主题的书，少说也有 50 种，可是描绘地球内部的书还比较少。其中的原因当然有很多，比如与之相关的科研工作以前还存在许多疑点，直至现在才渐渐明了；另外，由于无法看到地球的内部，人们很难对它产生兴趣，这一点也有一定的关系。但是，事物表面所反映出的种种特性，其本质原因多半隐藏于内部看不到的地方。所以，我渐渐感到，探寻那些隐藏起来的部分往往具有更重大的意义。于是，当考虑以 "地球" 为主题创作绘本时，我便很自然地想到以地表上的各种事物为基础，引出对地球内部的描绘。希望这本绘本可以成为大家了解地球的第一步。

但正如我之前提到的，这一领域的研究在 "二战" 后取得了巨大的进展，尤其是在近 10 年，更新、更高深的科研成果接二连三地发表出来，速度之快，让我这个非专业人士震惊不已，感觉使出浑身解数也很难跟上其高速发展的节奏。随着人类对地球内部的不断研究，相信今后还会不断出现更新的科研成果。因此我在创作这本书时决定，将立足点从描绘迄今为止已知的地球科研成果（即地球研究的 "现在时"），改为着眼于地球研究的 "未来时"，也就是说，有的地方还需等待科学家们研究并得出进一步的结果。

科学绘本既不是教科书，也不是学术论文，所以不是对过去事物的静态追踪，而是应该沿着发展的道路持续往前，向 "未来" 无限延伸。以上想法就是我从搜集这本书的资料起，到完成后交稿为止，以及直到今天一直持有的态度。

中学地理老师

在创作《地球图鉴》期间，有一段回忆常常萦绕在我的脑海里。那是在我初中二年级的地理课上，地理老师像讲故事一样给我们讲 "大陆漂移说"。他是这样跟我们说的："大家把非洲板块和阿拉伯板块拼在一起，看看是不是刚好能对上。" 他还说，在远古时期，地球的板块本来是一个整体，后来经过分裂和漂移，南北美洲和大洋洲逐渐与其他大陆分离，中间出现了海洋。当时我正处在好奇心旺盛的时期，觉得老师描述的这番情形气势浩大，于是不禁受到强烈的吸引，牢牢记住了这些内容。记得当时，我还把大陆的形状画在纸上，然后剪下来，像七巧板一样四处挪动，来体验老师所说的大陆漂移。我觉得，老师说的 "大陆漂移说" 真是一种非常浪漫的科学设想，让我深深着迷。大陆漂移说是由德国地质学家阿尔弗雷德·魏格纳（Alfred Wegener, 1880 ~ 1930）在 32 岁时提出来的。也许有许多人会觉得他的想法离奇古怪，但我觉得，他是通过缜密的研究考察与合理的逻辑推断得出结论的。我对这一划时代的理论充满了崇敬，一心想做魏格纳那样的人。后来魏格纳从事过各种各样的冒险和研究，最终在一次乘坐狗拉雪橇去格陵兰岛探险的途中下落不明，他的命运令我伤心不已。

略微夸张一点儿说，如果没有在地理课堂上听到这段 "大陆漂移说"，我大概永远不会认为科学是如此优秀，如此丰富，像诗一样美而富有情趣。在我本来的印象里，科学是一种刻板无趣、冰冷无情的东西。如果没有从地理老师那里听说魏格纳，我就不会去看与地球物理和大陆相关的书籍，也不会向这位无论作为学者还是作为普通人都充满魅力的前辈学习，学习他的科学态度和思考方法。那样的话，我就会平淡无奇地度过自己的中学时代。

给予一个狂妄自大的中学生巨大启迪的那位中学地理老师，姓壬生。壬生老师身体较弱，如果还在世的话，在我写下这些文字时应该已经超过 70 岁了。追本溯源，壬生老师可以说是这本《地球图鉴》诞生的间接原因。借此一角，我想向这位令人尊敬的老师表示我迟来的问候与敬意。

两大线索与两个四季变换

在这样的背景下创作的这本绘本，其内容主要围绕着两大线索展开：一条线索是四季的变换，这从画面的色调变化中可以看出来；而另一条线索是从地上、地表向地下逐渐延伸的垂直变化。两条线索互相交错。

除此之外，我还有点儿贪心，想把地球上的植物、动物及人类也一并描绘出来，但是，用一轮四季的变换无论如何都很难将这些全部放进来，于是我在这本书中设置了两轮四季的变化。也就是说，读了这本书，你会长两岁，或者说你会变得更聪明哦。为了让大家能更好地理解我在书中的设计，我用如下表格来对这本《地球图鉴》的大致内容进行简单说明：

页码	季节	事物／事件	深度范围
6 ～ 7	春	植物	15 厘米
8 ～ 9	春	植物	40 厘米
10 ～ 11	春	植物	3 米
12 ～ 13	初夏	植物	8 米
14 ～ 15	夏	昆虫	4 米
16 ～ 17	夏	昆虫	3 米
18 ～ 19	秋	动物	5 米
20 ～ 21	冬	动物	40 米
22 ～ 23	无	人类	7 米
24 ～ 25	无	人类	10 米
26 ～ 27	无	建筑物	50 米
28 ～ 29	无	工程建设	30 米
30 ～ 31	春	岩石、沙子	30 米
32 ～ 33	夏	腐殖土、泥土	10 米
34 ～ 35	秋	沉积	150 米
36 ～ 37	秋	地层	200 米
38 ～ 39	冬	褶皱	2000 米
40 ～ 41	冬	造山运动	1500 米
42 ～ 43	无	矿山	500 米
44 ～ 45	无	火山	4000 米
46 ～ 47	无	地震	150 千米
48 ～ 49	无	地幔	1500 千米
50 ～ 51	无	地核	6400 千米
52 ～ 53	无	太阳系	120×10^8 千米
54	无	宇宙	130×10^{21} 千米

第一年的各种对比

确定了这样的大体结构之后，为了将某个场景或前后场景中所画的事物进行对比，我特意把它们的各种姿态和习性描绘了出来。名称旁添加的数字，对植物而言是地上部分的长度，对昆虫和动物而言则是表示大概的体长。

比如说，在第 6 ～ 7 页，我画出了春天路旁随处可见的一种惹人怜爱的蓝色小花——婆婆纳，有外来品种阿拉伯婆婆纳，还有本地的矮小品种直立婆婆纳，我们可以试着将这一对近亲做一下比较。

图中的椿象，又叫放屁虫。它的臭腺在后胸上，遇危险时便分泌臭液，借此自卫逃生，不过臭虽臭，却一般不会对人和动物造成毒害。要是遇见了它，千万不能把它弄死，否则会更臭的。最好的办法是把它赶走。

黑褐蚁的胸部和腰之间有一块隆起，这是其主要特征，也是它跟第 8 ～ 9 页里的针毛收获蚁的区别所在。针毛收获蚁是一种以擅长囤积草籽等粮食著称的蚂蚁。它们收集这些种子，是要用来做冬天的食物。农民有时不太欢迎它们，因为它们会把刚刚播下去的种子收走！看看图，它们都收获了些什么种子呢？

另外，还有那幅孩子错将山地蒿当作艾蒿采下来的画面。仔细看的话，山地蒿叶子的锯齿形状和艾蒿是不同的。山地蒿的个头比较大，纤维较粗硬，味道自然也不大好，所以采摘的时候要仔细辨认哦。同时，也可以比较一下第 6 ～ 7 页和第 8 ～ 9 页中都出现过的款冬的生长形态，再把它跟这一页的稻槎菜和黄鹌菜进行对比。看一下这个场景里的白缘蒲公英，将它与第 10 ～ 11 页中出现的白花蒲公英、药用蒲公英和日本蒲公英进行一下比较，就不难看出，无论是花的颜色、叶子的形态，还是植株的大小，都有所不同。

荠菜和马兰头都是非常好吃的野菜，调一下味拌着吃味道就不错。稻槎菜、酢浆草、款冬、黄鹌菜和蒲公英都可以做药材。

问荆是一种蕨类植物，我描绘出了它的孢子茎的生长过程。它的孢子茎在早春时节发出，常为紫褐色，肉质，下次去野外时，你也可以找找看。

第 10 ～ 11 页中的秋千毛虫是舞毒蛾的幼虫，它爱吃树叶，遇到一点点惊动就会吐丝下垂，随风吹荡转移，像是在荡秋千。

贴梗海棠的花很漂亮，人们有时会用它的植株做盆景。它的果实叫皱皮木瓜，味道酸甜可口，可以做成蜜饯，也可以入药。

绣眼鸟叫这个名字，是因为它的眼圈周围有一些明显的白色绒状羽毛。它的叫声高高低低，特别好听。

蜂蝇喜欢出没于花丛间，吃花粉和花蜜。它的体形很像蜜蜂，还能仿效蜂类的螫刺动作。它就凭借这些小把戏吓退自己的敌人。

在画面的右上角，我画了一棵患有松瘤锈病的松树。对于松树来说，这种病非常可怕。得病的松树枝条或幼树主干上会生出圆形的木瘤，生长缓慢，严重时，一株树上可能长出数十个木瘤，进而慢慢枯死。这种病是由一种寄生锈菌引起的。

鼠曲草是一种非常常见的植物。在中国的一些地方，人们会在它还未开花时采摘，洗净后晒干储存，用时剁碎在锅里和水煮开，然后拌在糯米粉里制作清明团子。这样，白色的米粉就成了青色。这种"青团"通常包着馅儿，有一股草木的清香，非常好吃。

第 12 ~ 13 页描绘的是初夏的农家。如今，水井、风车、小木屋等农家景象已经渐渐消失，这些活生生的物理课素材只能沦为餐厅的装饰，实在令人感到惋惜。我在这幅场景里把它们描绘出来，也算是一种纪念吧。在这个场面里，我特意画上了各种各样的蛙类和蔬菜。哦，我还从蛇联想到了蛇莓，因此也画了上去。那红红的蛇莓看起来好像有毒，但其实是没毒的，只是味道不太可口，在此我想特别说明一下。

青鳉鱼喜欢生活在水草浓密的清水里，它对水质的变化特别敏感，所以有时会被用于监测环境。现在，由于环境的恶化，它的数量越来越少。青鳉鱼喜欢吞吃蚊子的幼虫，它的卵上有丝状的突出物，可以缠住水草，以便孵化。

这里还画出了青蛙的成长过程，这一过程大概可以分为四个阶段——卵、蝌蚪、幼蛙和成蛙。黑色的小蝌蚪先长出后肢，再长出前肢，最后尾巴渐渐消失，变成一只小青蛙。

蚂蟥大多生活在稻田里，以吸人和牲畜的血为生，也吃昆虫、浮游生物等小动物。它叮人时，会用头上的吸盘吸住皮肤，并分泌出麻醉物质，所以被吸血的人根本不会感到痛。如果在野外发现身上有蚂蟥，千万不要慌张，更不要用手把它往下拔，那样的话它会越吸越紧。方法很简单，使劲用手拍拍被它叮咬的地方就能让它掉下来。也可以在它身上涂抹浓盐水或肥皂水，让它脱水死亡，之后在伤口上涂上碘酒或酒精消毒就可以了。

食蜗步甲有细长而带钩的嘴，可以把蜗牛肉从厚厚的甲壳里钩出来。它最爱吃的是蚯蚓、钉螺、蜘蛛等小虫以及软体动物。

第 14 ~ 15 页主要描绘的是夏天农田里的作物和聚集在地里的昆虫们，以及这些昆虫的生活状态。

蚂蚁的"结婚飞行"通常在春天进行。这时候，有翅膀的雄蚁和雌蚁从卵里孵了出来，飞到空中举行"结婚仪式"，进行交尾。仪式结束后，它们回到地上。雄蚁不久后就死去了，而雌蚁脱掉翅膀，在附近的石洞或泥洞里产卵，组建新的蚂蚁家庭，它也成为新蚁群中的蚁后。

牛蒡的根部可以吃，叶柄和嫩叶也可做菜。它的营养非常丰富。

蜾蠃会在产卵后抓虫子放进洞里，等幼虫孵化出来以后，就以这些虫子为食。你看见图上那只正在搬运虫子的蜾蠃了吗？

马陆也叫千足虫。事实上，它的足不到 300 对。受惊时它会像图上画的一样，把身体蜷曲起来，头卷在里面。

鼠妇和长鼠妇是"近亲"，长得也有点像。有个很简单的办法可以把它们区别开来：用手摸一摸，鼠妇会把身体团成西瓜一样的小球，而长鼠妇会迅速逃跑。

第 16 ~ 17 页描绘的是夏天草丛和树林里的景色。这里也是顽皮孩子们的世界。蚂蚱、蝈蝈、螳螂、油蝉、独角仙的生长过程，以及作为童年玩具的各种杂草们都依次登场。请大人们也用那洋溢着青草味的芬芳唤醒自己的童年回忆吧。

蝉的幼虫生活在土里，吸食植物根部的汁液，成虫吃植物的汁。蝉的发育经过卵、幼虫、成虫三个阶段，不经过蛹的时期，这种过程叫作"不完全变态"。其间，蝉要蜕好几次皮，蜕下的皮叫作"蝉蜕"，可以入药。蚂蚱、蝈蝈和螳螂也是不完全变态发育，而独角仙不是，它是完全变态发育。图中地里那个有点像鱼的东西，就是它的蛹。

鸡屎藤叫这个名字是因为它的叶子搓起来会有股臭味，它晒干后也可以入药。

鱼腥草又叫折耳根，有一股特殊的腥味。它可以入药，也可以做成凉拌菜和茶饮，不过不是所有人都能接受它的味道。

吉丁虫的成虫会咬食叶片，幼虫会蛀食树皮，为害严重时甚至可能导致树皮爆裂，所以也有人管它叫"爆皮虫"。它的外表极为美丽，身体有非常绚丽的金属光泽。

日本葬甲和大红斑葬甲都属于埋葬虫科，它们常常群集在动物的尸体旁，不停地挖掘下面的土地，将尸体埋葬在地下，之后在上面产卵。等幼虫孵出来以后，这些尸体就成了幼虫的食物。

第18～19页的场景设定为深秋的山里，这里聚集着一群前来冬眠的动物们，还有那由于季节变换而变黄、变红的阔叶林。狐狸的孩子会在此时离开巢穴，因此，在下一个春天来临之前，它们的洞穴都会空着。这时，野猪的孩子们也已完全长大，正聚集在低洼地带。这里还画了许多不同种类的蘑菇，但各地蘑菇的种类远远不止这些，如果你有过采蘑菇的经验，一定能够明白，那种快乐和微妙的感觉若非亲身经历是体会不到的，希望你也能把这些讲给你的孩子听一听。这里要多说一句，这里的几种蘑菇，除了滑子菇、巨大口蘑、丛生口蘑、多孔菌和浅橙黄鹅膏菌之外，其余几种都是有毒的，千万不要乱采。

在树枝上经常会看到黄刺蛾幼虫做的钙质茧，那是它越冬用的"小房子"。这些茧是椭圆形的，很硬，黑褐色，有灰白色的不规则纵条纹，看起来很像鸟蛋或蓖麻子。第二年初夏，幼虫会在茧内化蛹，然后变成成虫飞出来。

王瓜不好吃，不过可以入药。五倍子还有个名字，叫"百虫仓"，是角倍蚜寄生于盐肤木的嫩叶或叶柄上，将其刺伤而生成的一种"瘤子"，经烘焙干燥后可以入药，用手掰开它，就可以发现里面有很多死蚜虫。

槲寄生通常寄生在榆树、杨树、松树等树上，从寄主植物上吸取水分和无机物，进行光合作用制造养分。它四季常青，开黄色花朵，入冬结出红、黄等各种颜色的浆果。槲寄生在西方是种很受欢迎的植物，代表着希望和丰饶。在圣诞风俗中有个说法：站在槲寄生下的人不能拒绝亲吻，而在槲寄生下亲吻的情侣将会幸福终生。

巢鼠的身体很轻，比一般能见到的老鼠还要小。它的尾巴可以缠绕在枝叶上面，方便它在茂盛的禾草中灵活地攀爬。它通常在草本植物及稻、麦和大豆等作物上筑巢，生育小宝宝。

第20～21页描绘的是长满针叶林的深山里的冬天。在这里，可以看到那些完全进入冬眠的蛇类、蛙类和昆虫们，躲在温暖的巢穴里静静地等待春天来临的动物们，以及那些在寒冷的天气里仍旧外出觅食的有毛皮的动物。野兔有许许多多的天敌，为了逃脱追捕，它们有时会跳跃起来，以免在雪地上留下足迹，有时则会以"之"字形线路逃跑。大家可以在这个场景里留心观察一下它们的这种特殊习性。

第22～23页是大都市近郊住宅区的场景。我画了一栋四层建筑。通常情况下，一栋楼里各个楼层的布局是基本相同的，这里我故意画得不一样，阳台朝向的方向是南，而北侧从下到上依次是厕所和浴室、厨房、洗衣间和书房。

第24～25页描绘的是某个城市的雨天情景，或许就在你家附近哦。为了能让大家看到路面下埋设的各种各样的设施和输送管线，我特意将这个十字路口画得比较复杂，同时还画上了各种截面，让大家能一睹平常看不到的地表之下的情形。

第二年的展开

第26～27页是略有未来世界模样的大都市里的情形。如果人类未来以都市作为活动中心，那么世界应该会渐渐地变成这幅场景里的样子吧。这种情形是向未来的跃进还是人类社会的黄昏，大家也许会因为价值观的差异而各持所见。

第28～29页是各种土木工程机械施工的情景。在施工过程里，有可能会挖出古代的瓶子、罐子或者动物的化石哦。仔细看一下画面，能否发现些什么呢？

第30～31页是山里接近晚春时的情形，可以看到风化后碎裂的岩石。

我在这里画出了一部分洞穴生物。洞穴生物学是生物科学的一个特殊领域，目前还有许多未知的秘密等待发掘。终日在洞穴里生活的动物，一般眼睛明显退化，取而代之的是长长的脚或触须，能够帮助它们在黑暗中活动；它们少有色素，全身雪白的个体很常见。比如图中的盲虾就是盲眼，而且身体几乎是透明的。

这里我还画出了一只蜉蝣。它的幼虫会在水中生活数月甚至数年，吃水生植物和藻类，但成虫一般只活几小时至数天，所以古代人说它"朝生暮死"，经常用它吟咏生命的短暂。

这里还有一棵得簇叶病的山樱。簇叶病是因真菌入侵引起的。得病的植物枝条节尖变短，或在枝条发芽处，原本只应抽出一片叶子，却突然增生数片，但叶片变得小而软弱，造成植物无法开花，枝条也变得又细又软，无法长粗长大。

第 32 ~ 33 页描绘的是高原地带潮湿的夏季，还有被腐殖土掩埋的沼泽地逐渐发生的变化。

豆娘与蜻蜓的外形非常像，但仔细一瞧，还是可以发现两者之间的差异：豆娘的身体纤细，两对翅膀大小、形状相同，栖息时习惯将翅膀合起来，竖在背上（不过也有几种豆娘会把翅膀张开）。而蜻蜓的身体较粗壮些，两对翅膀大小不一，休息时会将翅膀展开平伸于身体两侧。另外，蜻蜓的飞行速度比豆娘要快。

莼菜生长在水中，它的嫩茎叶可以做成汤羹，非常好吃。

第 34 ~ 35 页描绘的是秋天的山间梯田和冲积扇。冲积下来的土和泥沙一层层堆积，经年累月之后，形成独特的冲积扇地层。

第 36 ~ 37 页描绘的是晚秋时分的海边都市和临海工业区。在长年累月堆积而成的地层上建成的繁华都市，与天空中的卷积云遥相呼应。

第 38 ~ 39 页的地层经过许多年的弯曲、隆起，最后形成了岛屿。在此，我其实想向大家揭示这样的事实：这种增长即便每年只有几毫米，经过数亿年后，也会长成像第 40 ~ 41 页中那样高达数千米的大山。由积雪融化的溪水和冰川侵蚀出来的圆底的山谷，叫作 U 形谷。河流冲刷出来的陡峭的深谷，叫作 V 形谷。

第 42 ~ 43 页描绘的是各种矿山和矿床的样子。虽说真正的矿山和矿床不会像这样集中在一起，但我想向大家多展示一些相关要素。我也尽可能地将它们进行了合理的分布。

第 44 ~ 45 页描绘的是火山地貌。在此我将各种类型的火山及相关的用语一起展示了出来。

第 46 ~ 47 页是深源地震的震源分布和岩浆发源地的示意图，并揭示了它们与海沟间的位置关系。一般认为，在岩浆发源地输送上来的热力和压力的作用下，岩浆才得以形成。另一方面，岩浆房里熔化的岩石又会流出地表，重新凝固。这两种情形我在图上分别进行了描绘。

第 48 ~ 49 页描绘了通常所说的"地幔对流"的情形。实际上地幔的对流幅度并没有这么大，但为便于大家理解，我把它画得稍大了一些。

第 50 ~ 51 页是地球内部的情形。许多书都将这里画得非常火红、炽热，而我主要就温度和压力的状况进行描绘，因此画成了白热的状态。另外，还附上了相应的压强、温度和比重的数值，以供能明白其含义的读者参考。

第 52 ~ 53 页画的是太阳系。而太阳系相对于整个宇宙，比第 54 页中画出的最小的点还要小，大家可以对比着看一下。

以上将本书中各页的主要构思和布局大致进行了说明，还有另外一些大家也许已经知道的内容，如：（A）在保持内容连续的前提下进行适当跳跃；（B）动物体长、植物高度等对比；（C）生物与环境之间的关系——等三点也围绕前面说到的主题，作为陪衬穿插其中。

终于到达目的地了！

眼尖的读者应该一眼可以看出，本书是前作《海洋图鉴》的姊妹篇。《海洋图鉴》花费了 7 年的创作时间，而这本书前后大概花了 5 年时间。这与我克服了之前的拖延症，搜集资料时比较高效有一定的关系。但遗憾的是，比预定的时间还是整整晚了一年。因为当我开始着手整理画好的草稿时，对这部作品的构成和趣味性变得非常没有自信，便"无理地"拜托编辑们等了很久。

我自己本来就有些忧郁的倾向，经常因为失眠而烦恼，此外又有种种事务缠身，占用了许多时间。用我家人的话来说，当时的我总像"在打架或者打仗一样"。有时我还会陷入没来由的担忧，比如："假如发生了大地震，我的原稿在起火时都烧光了怎么办……"于是，我便像逃跑似的，更努力地完成了原稿。完稿后，在旁边看不下去的家人们说："终于到达目的地了！"

接受读者的意见

《海洋图鉴》出版之后，我获得了来自各方的读者的温暖鼓励，同时收到了各种各样的意见和建议。我一直希望能将这些宝贵的意见体现到这本及今后的作品里，权且作为对我的读者的回应。

有人说，感觉读完这本书"肩膀会酸疼"。我自己并不认为这本书有多么高深艰涩，也很抱歉给人这种感觉，不过我曾多次说过，绘本并不是教科书，考试也不会从里面出题，你可以数一数画面上有几只老鼠呀、蜻蜓呀，或者看一看面馆里的客人们在吃什么，像这样，用游戏的方式去轻松阅读就可以了。

我的三条自律原则

一提起科学绘本，大家总会有这样先入为主的定位：艰涩难读，富于知识性，对提高学习成绩或多或少有点用。但是在我心目中，科学绘本一定要具备以下三个核心特点——趣味性、综合性和发展性。

趣味性是阅读的动力，是让人愿意看完整本书并且更好地理解它的原动力。不仅如此，它还是一种能量，是让人产生继续深入研究并积极付诸行动的愿望的重要能量。如果本来是一本好书，却因为缺乏趣味性而让人读了一页就犯困，那可真是遗憾透顶。所以我认为，内容越好趣味性就应该越强，这是非常必要的。这里所说的趣味性，对于孩子们来说——不，正因为是面对孩子，就更不能是那种故意挠胳肢窝般的低俗趣味，而一定得是将内容引向更深、层次更高处的升华的趣味。这就是我的自律原则之一。

关于综合性。各领域都有许多内容精致且具有深度的优秀书籍，它们被划分得很细，但是都没有明示研究内容的本质和整体性，据说这也正是日本科技界最悲哀的地方之一——缺乏综合力，学术界存在断层问题。因此我想，过于具体的细分领域由别人去做吧，我就挑战一下别人不做的综合性问题吧。

第三条自律原则是发展性。前面我也提到过，如今的科学技术，如果只是就现状或者已知的部分用静止的眼光去看待，是远远不够的。我认为，需要保持探寻的姿态，记住持续去追问为何会这样。这样的科学观及对社会、对未来的洞察态度，在我看来是今后的科学绘本以及其他儿童图书中不可欠缺的要素。不管同意与否，创作者们都迫切需要明确面对这一点。

以上三点我一直引以自律，也尝试着将它们运用于《地球图鉴》中，但毕竟自己的能力有限，还有许多不尽如人意之处，希望读者和家长们能弥补一下我的欠缺。如果让我也能从中获益，那绝对是一种意外得来的幸福。

最后，诚挚地感谢诸多专家学者对本书中的相关专业知识提供指导与帮助，他们是：东京大学的竹内均教授、国立科学博物馆动物研究部部长今泉吉典先生、植物学者佐竹义辅先生、白梅学园短期大学近藤正树先生、动物画家籔内正幸先生，以及建设技术研究所的片山祐一先生、大野善雄先生、久保田穰先生、坂本听先生、村山宽先生和建筑学者大森胜美先生。如果说这本书有什么可取之处，那都是各位专家的功劳，借此致以真诚的谢意。同时，对福音馆出版社一直给予我热情鼓励和力量的松居直社长、水口健先生、藤枝澪先生，以及其他为制作这本书而费尽心血的负责人及印刷制版的诸位，表示我最真挚的谢意，真的非常非常感谢。